新觀念伽利略

培養資料分析的能力

統計

人人出版

前言

我們的生活周遭，

充斥著各式各樣的數值或圖表。

我們有時會根據這些資料（data）來判斷事情，

有時還得做出重大的決定。

正確解讀統計數字，

是生活在現代社會中不可或缺的技能。

近年由於網路發達，

任何人都可以將自己的意見或資料散布出去。

但另一方面，衍生的「假訊息」等現象也造成了問題。

只要學會統計的基本知識，

就不會被數字迷惑。

本書中列舉了與我們生活切身相關的案例，

同時介紹統計的基礎觀念。

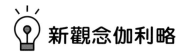
新觀念伽利略

3 藉由「相關」看出兩個資料的關係

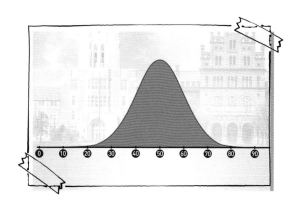

4 調查和分析要這樣進行

新觀念伽利略

1

充斥在生活周遭的
統計資料

我們生活周遭充斥著各式各樣的資料。記載
在當中的數字到底意謂著什麼？這一章先讓
我們一起來看看日常生活中常見的統計資
料，有哪些疑問和令人意外的活用法。

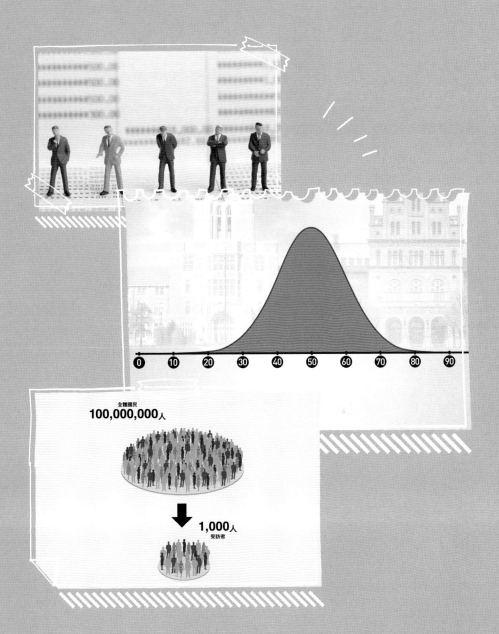

大家都那麼有錢嗎？
平均儲蓄額之謎

「平均數」不一定是「人數最多的數值」

平均數的陷阱

5名男性的儲蓄額分別標示在靠近頭部的地方。全部加總後為：

160萬元＋180萬元＋200萬元＋220萬元＋240萬元＝1000萬元

總計金額除以5個人後，平均儲蓄額就是200萬元。

但若這時加上1個擁有2000萬元儲蓄額的人，則會變成：

（160萬元＋180萬元＋200萬元＋220萬元＋240萬元＋2000萬元）
÷6＝500萬元

平均儲蓄額竟然上升了300萬元。

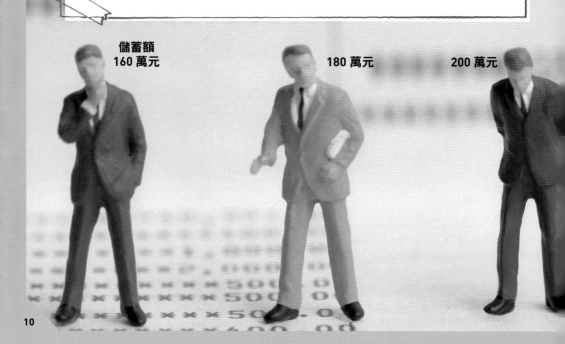

儲蓄額
160 萬元

180 萬元

200 萬元

各位若突然聽到「平均每位臺灣人擁有的淨金融資產（包含現金存款、證券等儲蓄，扣除負債）約臺幣483萬元※」會怎麼想呢？相信許多人會覺得「我家才沒有那麼多儲蓄」、「大家都那麼有錢嗎」，感到驚訝或不甘心吧？

平均數（mean，又稱為平均值 mean value / average value）是「所有數值的總額除以資料個數的結果」。如果有一個高到極端的數值，平均數便會飆升。換句話說，「483萬元」是被極少數儲蓄豐厚者拉高平均數後的金額。

話雖如此，但平均一詞給人的印象是「中間值」（middle value），要是自己比平均數低，就會開始擔心。這種心理或許就是誤解平均數的「陷阱」。

我們要學習正確的統計知識，不要被數字迷惑。

※：全球最大的金融服務集團安聯（Allianz）發布的2023年全球財富報告顯示，臺灣的淨金融資產位居全球最富有國家第 5 名，平均每位臺灣人擁有的淨金融資產是14.16萬歐元，約臺幣482.7萬元，在亞洲僅次於新加坡，贏過日本、韓國和中國。

220 萬元

240 萬元

5 人的平均儲蓄額
200 萬元

●關於平均數將在第26～29頁詳細說明。

人壽保險的金額取決於統計！

根據過去的統計資料，
訂出保險公司不會吃虧的金額

保險費也包含保險公司所需支出的經費等開銷

保險必須讓保險公司所需支出的款項和投保人繳的款項達到均衡。對保險公司來說，所需支出的款項可分為支付投保人的保險理賠金、公司營運用的經費，以及利息變動的預備款等。這些開銷總額會以保險費的名義由投保人負擔。[1]

※1：從投保人整體來看，理賠保險金的給付總額會小於所有已繳納的保險費總額（因為保險公司要扣掉營運經費等開銷）。也就是說，只考慮金額的話，期望值是吃虧的。但是投保後一旦發生什麼萬一時可以規避風險，所以多數人認為投保是有意義的事。

保險金額的設定機制

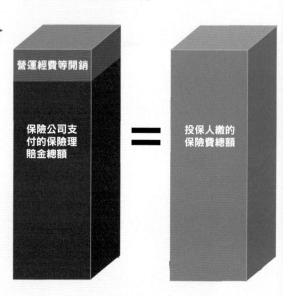

營運經費等開銷

保險公司支付的保險理賠金總額

＝

投保人繳的保險費總額

我們與保險公司締結契約、繳保險費，發生「萬一」時，保險公司就要根據契約，支付保險理賠金。這樣的保險是由龐大的資料和統計學所維繫。

假如保險公司支付的保險理賠金總額多於所有投保人繳的保險費，保險公司就會吃虧。**因此要根據過往的統計資料，讓保險公司所需支出的款項和投保人繳的款項取得平衡，訂出保險公司能**夠賺取利潤的保險費金額[※2]。

人壽保險是由保險公司以年齡別的死亡率為基準，訂定保險的金額。死亡率會隨著年齡漸長而上升（下圖），年紀愈大保險費也愈高。

※2：一般保險公司不可能只靠保費收入扣除理賠支出後的盈餘來經營，因為如果突然發生重大天災人禍（例如新冠肺炎疫情），理賠支出可能會大幅暴增。實際上保險公司的資產大部分在利用保費收入所進行的投資。

從年齡別看日本男性1年來的死亡率

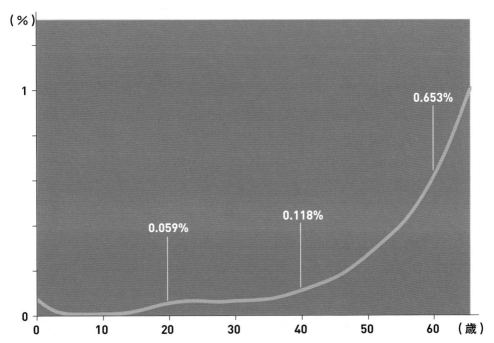

●關於保險的金額訂定將在第30～31頁詳細說明。

偏差值高就證明很優秀？

偏差值這項指標不見得能夠代表「學力的高低」

考生幾乎每天會聽到「偏差值」（deviation value）[※]這個詞。相信有許多人在意考試的結果，要是偏差值比上次高，心情會高漲；比上次低，心情便會低落。

考高中和考大學時，最常用來預估上榜可能性的就是偏差值。**偏差值這項指標會表示一個人的分數有多少，偏往哪個方向，離平均分數多遠，表示那個人的程度在全體考生中的哪個位階。**

關於偏差值的詳情將會在第2章說明，用右上方的公式即可求出答案。寫在分母上的「標準差」（standard deviation）是表示資料離散度（dispersion）的數值。

每場考試的平均分數不同，一旦平均分數改變，標準差也會變。換句話說，偏差值會依考試而定。即使是學力相同的人，偏差值也會因為考試的難度或應試考生的程度而異。

另外，目前已知一般的考試分數，只要滿足應考人數夠多等條件，形狀就會接近於「常態分布」（normal distribution，右圖）。但若應考人數和題目數量少，或是出題難度有所偏頗，未依循常態分布的情況也就會變多，這時就無法準確顯示偏差值位在全體中的哪個位置。

綜上所述，偏差值這項指標有時並不能代表「學力的高低」。

[※]：日本學測的「偏差值」跟臺灣國中會考的「PR值」（Percentile Rank）算法不同。PR值先將該次測驗所有考生的量尺總分排序後，依照人數均分成一百等分，若某位考生的PR值為95，即表示該生的分數高於該次測驗全國約95%的考生。

成績的分布呈「常態分布」

一般的考試分數，只要滿足應考人數夠多等條件，形狀就會接近於「常態分布」。目前已知不只是考試分數，人的身高和其他能在自然界或社會上看到的各種資料，也依循常態分布。

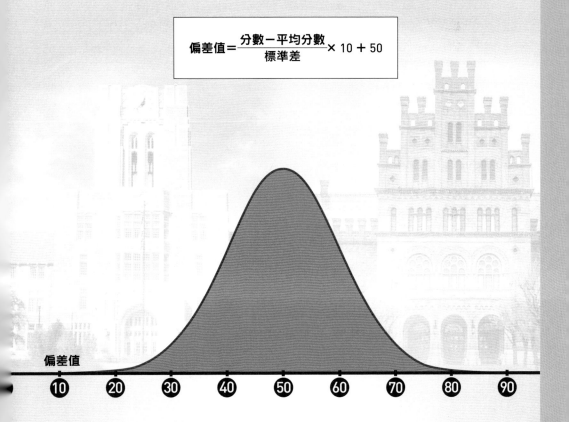

$$偏差值 = \frac{分數 - 平均分數}{標準差} \times 10 + 50$$

偏差值

⑩　⑳　㉚　㊵　㊿　⑥⓪　⑦⓪　⑧⓪　⑨⓪

●關於標準差和偏差值的計算方法將在第40～53頁詳細說明。

民意調查如同「試嚐湯頭」

從區區1000人的意見來預估1億人的想法

新聞等媒體上經常會聽到「民意調查」。雖然是調查國民的意見，但其實並不會要全體國民填寫問卷、接受電話或網路民調。

要聽取全體超過1億名國民的意見實在太費工夫，因此**民意調查會隨機（random）挑選對象，像是選擇1000人進行問卷調查後，再運用機率推測全體國民的意見。這就叫作「抽樣調查」（sample survey）**。

這就像是用1根湯匙試嚐大鍋裡煮好的湯一樣。只要湯品混合均勻※，1根湯匙的湯品味道和整鍋湯的味道應該會相同。同樣的，假如能挑選性別比、年齡比及其他所有要素比例與全體國民相同的樣本（sample，一小撮受訪者），就可以從樣本的意見去推測全體國民的意見。

從1億人中隨機選出1000人

該怎麼從全體國民中選出組成份子相同的1000人？其實就算不考慮性別或年齡差異，只需隨機挑選，也可以選出與全國國民組成份子幾乎相同的1000人。

※：大鍋裡的味噌湯不攪拌就試喝的話，不管喝幾碗都喝不出整鍋的味道，但先攪拌均勻後再從各處舀湯試喝，就都會是一樣的味道，僅僅1湯匙就能完全了解整鍋的味道，原理跟抽樣調查一樣。

全體國民（概數）

100,000,000人

1,000人

受訪者

●關於民意調查將在第114～127頁
詳細說明。

從發票存根得知顧客的喜好？

藉由整理記錄預測暢銷商品

近年電腦和感應器的普及，能輕鬆蒐集各式各樣的資料。因此，**我們生活當中的所有情境正成為統計分析的對象。**

比方說，假設超市的老闆知道「容易同時購買的商品搭配」，就可以安排將這些商品陳列在一起，提升銷售量。

這時來店顧客的發票存根資料就可以用在統計分析上。只要巧妙分析收銀機中每週、每月或每季的發票存根資料[※]，即可推導出「容易同時購買的商品搭配」這項寶貴的資訊。

而將這樣的分析進一步推展後，就是資料探勘（data mining）。「探勘」帶有「挖掘礦藏」之意。

假如你買了預定之外的東西，或許就是受店家精心統計分析的影響。

※：臺灣商家開立發票給顧客，商家須自留存根，按月彙整成統一發票明細表，用來申報營業稅。而每部收銀機內存的銷售金額日報表及月報表，除了可據以申報營業稅外，也是很好的銷售統計資料。

Gailieo Mart

發 票

零食
果汁
炸雞塊

總計 $450

o Mart

發 票

啤酒
炸雞塊

總計 $415

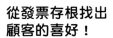

從發票存根找出
顧客的喜好！

以下列出了 7 名顧客的發票存
根。只要整理資料，就可看出
容易同時購買的商品搭配。

Gailieo Mart

發　票

啤酒
果汁
炸雞塊
三角飯團

- - - - - - - - - - - - -

總計　$693

Gailieo Mart

發　票

果汁
零食

- - - - - - - - - - - - -

總計　$250

Gailieo Mart

發　票

茶飲
麵包

- - - - - - - - - - - - -

總計　$220

Gailieo Mart

發　票

零食
三角飯團
果汁
炸雞塊
啤酒

- - - - - - - - - - - - -

總計　$7

●關於發票的分析方法將在
第130～131頁詳細說明。

統計是判斷事情的有效工具

從有限的資訊中就能解讀各式各樣的現象

統計有兩種功能。一種是從生活周遭的現象蒐集資料，再以一目了然的方式呈現。資料的特徵會以圖表或數值來呈現。

另一種功能則是從部分資料預測整體形貌。第16～17頁介紹的民意調查就屬於此類。

經濟、政治、醫療……社會上所有的現象都是統計的對象。**統計是一門數學，從有限的資訊出發，以淺顯的方式呈現複雜的社會發生什麼事，再預測將來發生事情的機率。**

然而，部分廣告或網路文章會擷取部分資料，推導出不同的結論，或是將兩件事情弄得看似相關。類似的情況屢見不鮮，也正因為這個時代能夠輕鬆獲得許多資訊，所以非常需要眼力來洞察資料中的謊言和圈套。

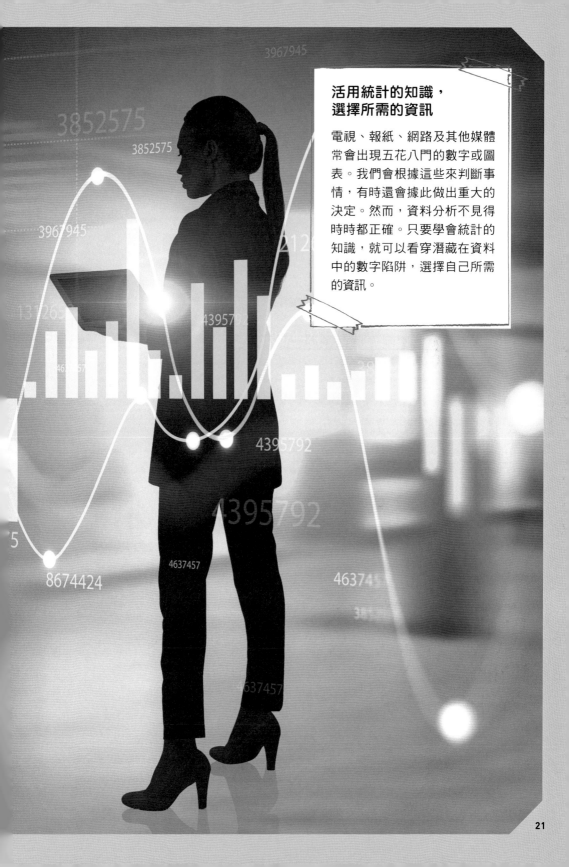

活用統計的知識，選擇所需的資訊

電視、報紙、網路及其他媒體常會出現五花八門的數字或圖表。我們會根據這些來判斷事情，有時還會據此做出重大的決定。然而，資料分析不見得時時都正確。只要學會統計的知識，就可以看穿潛藏在資料中的數字陷阱，選擇自己所需的資訊。

職棒選手多半在 4～7月出生？

檢索日本職棒球員的出生月份，會發現4～7月出生者居多，而出生在12～3月的人則相對較少。

這是為什麼呢？假如讓同一天生日的6歲和7歲兒童賽跑，7歲兒童會比較有利。同樣的，**4～7月出生的孩子會比同一學年**※**12～3月出生的孩子還要早熟，容易在運動或學業上獲得好成績**（這稱為「相對年齡效應」〔relative age effect〕）。

許多4～7月出生的棒球少年，會比同學年的其他棒球少年得到更多褒獎和提拔的機會，容易發揮打棒球的才華，而12～3月出生的棒球少年可能會低估自己的能力，放棄棒球。

像英國這種新學期從9月算起的國家，也有相對年齡效應。

※：日本各級學校的學年從4月開始，到隔年的3月結束。臺灣各級學校的學年則從8月1日開始，到隔年7月31日結束。

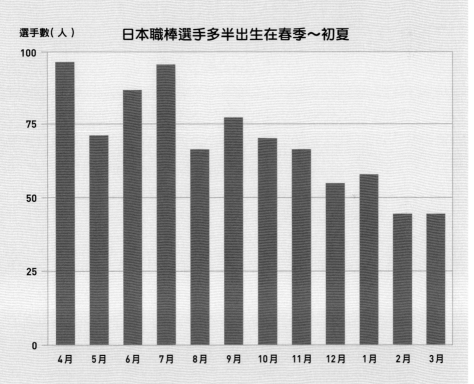

日本職棒選手多半出生在春季～初夏

選手數(人)

圖表參照網站「職棒資料Freak」（https://baseball-data.com/）製作而成。

2

掌握統計的基本概念

正確解讀統計數字,是生活在現代社會中不可或缺的技能。雖然有時也會讓人不得不懷疑,這項統計數字可信嗎?本章將介紹作為統計學基礎的重要觀念。

將資料繪製成圖表後，就會發現真實情況

藉由觀察「眾數」或「中位數」，釐清資料的實際狀態

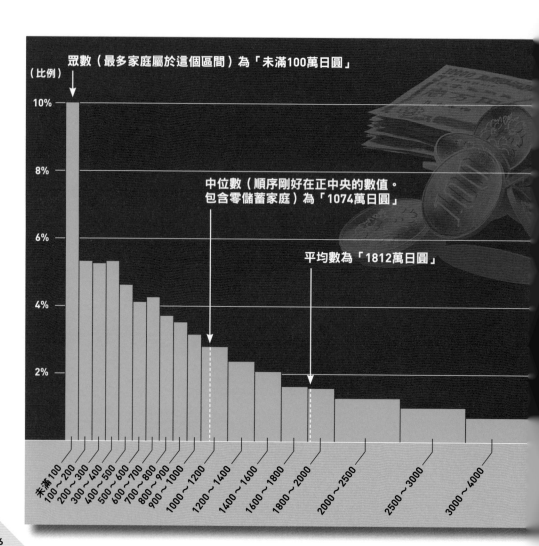

眾數（最多家庭屬於這個區間）為「未滿100萬日圓」

（比例）

10%

8%

中位數（順序剛好在正中央的數值。包含零儲蓄家庭）為「1074萬日圓」

6%

平均數為「1812萬日圓」

4%

2%

未滿100 100〜200 200〜300 300〜400 400〜500 500〜600 600〜700 700〜800 800〜900 900〜1000 1000〜1200 1200〜1400 1400〜1600 1600〜1800 1800〜2000 2000〜2500 2500〜3000 3000〜4000

「平均數」常常被用來展示資料的特徵。不過，就如第10～11頁介紹的案例一樣，有時給人的印象會與實際狀態不同。

而**能彌補平均數這種缺點的就是「眾數」（mode）和「中位數」（median）**。眾數是資料中比例最高的數值。只要看看下方2017年日本家庭平均儲蓄額為「1812萬日圓」的圖表，就會發現其實儲蓄額未滿100萬日圓的家庭為數最多。中位數是將資料由小到大排列時，位於中央的數值。下圖中的1074萬日圓就是中位數。※

而高於平均儲蓄額1812萬日圓的家庭只占全體的３分之１（約33％）。**只要把眾數或中位數考慮進去，就會非常清楚，部分擁有高額儲蓄的富裕階層，拉抬了整體的平均數。**

※：根據行政院主計總處統計，2022年臺灣每戶家庭可支配所得平均數為110.9萬元，中位數為94.0萬元，兩者差距約17萬元。若將臺灣家庭每戶可支配所得高低分為５組，2022年最高20％的家庭每戶224.4萬元，最低20％的家庭每戶36.5萬元，最高與最低的貧富差距6.15倍。

儲蓄額
（萬日圓）

4000以上

日本家庭別的平均儲蓄額為多少？

圖為2017年２人以上家庭儲蓄額的分布（引用自日本總務省《家計調查年報（儲蓄負債篇）》2018年）。雖然平均數為1812萬日圓，但實際上有高達67％的家庭低於平均數。圖表省略了橫軸4000萬日圓以上的部分。

平均數不一定是「中間值」

平均數容易受到極端值的影響！

拿平均作標準跟自己相比是人之常情。假如自己比平均標準高就會放心，比平均標準低則會感到不安。

查出資料的「平均數」是統計學的第一步。**平均數是「所有數值的總計值除以資料的個數」**。

平均數給人的印象就是「中間值」。不過就如第10～11頁所見，平均數有時並不是「中間值」。

假設現在有5個人，其持有的現金分別是3萬、4萬、5萬、6萬及7萬元。這5個人平均持有的現金為「5萬元」。然而，只要加上1個持有23萬元的人，平均數就會一口氣攀升到「8萬元」。

由此可知，**平均數容易受到極端值（extreme value）**※**的影響**，需要留意。

※：極端值或離群值（outlier又稱異常值）是指與其他觀測值有顯著差異的數據點，可能會導致統計分析中出現嚴重問題。能妥善處理離群值的估計量稱為「穩健」。例如，中位數是集中趨勢的穩健統計量，但平均數則不然。

現金
（萬元）

平均數為
「5萬元」

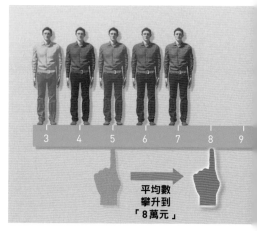

平均數
攀升到
「8萬元」

平衡翹翹板支點位置的是「平均數」

現將持有不同金額的人羅列在表示現金的數線上。將數線視為翹翹板時，平衡左右的支點位置就相當於平均數。再加上極端值後，翹翹板的平衡就會崩潰。若要再度取得平衡，就要挪動支點的位置（平均數）。由此可知，平均數容易受到極端值的影響。

平均公式

$$平均 = \frac{資料_1 + 資料_2 + \cdots + 最後資料}{資料個數}$$

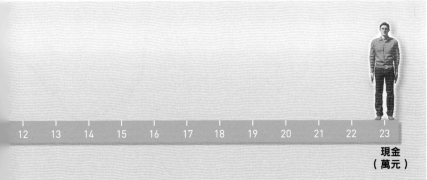

現金
（萬元）

人壽保險始於「死亡率」的發現

從大群體來看，每個年齡的死亡率為固定值

日本男性幾歲死亡？

右圖為日本男性死亡率曲線圖。死亡率是一群某個年齡的人當中，於該歲數死亡的比例。例如2010年30歲的死亡率，是將30～31歲之間的死亡人數除以30歲當時還活著人數，求得數值為0.069%。

哈雷
（1656～1742）

以哈雷彗星聞名的英國天文學家。他根據德國布雷斯勞市（Breslau）的死亡記錄，製作出各年齡層的死亡率一覽表「生命表」並公開發表。根據統計資料奠定的人壽保險，可說是由哈雷的研究成果衍生而來。

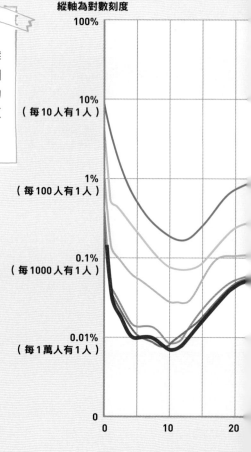

死亡率（％）
縱軸為對數刻度

100%

10%
（每10人有1人）

1%
（每100人有1人）

0.1%
（每1000人有1人）

0.01%
（每1萬人有1人）

0

0　　　　10　　　　20

觀察保險的機制，就會非常清楚統計學多麼有用。原始的保險在統計學誕生之前就已經存在了。幾個人彼此出資積攢「會錢」，再將積攢的錢撥給遇到不幸的人或其家人，這種「互助會」※曾在各地廣泛出現。

只是這種機制有一個問題。**假如成員中有年輕人或高齡人士，通常高齡人士比較容易罹病或死亡。但是每個成員出資的金額還是一樣，並不公平。**

解決這個問題的是英國的天文學家哈雷（Edmond Halley，1656～1742）。**哈雷於1693年公開發表各年齡層的死亡率一覽表「生命表」（life table）。**根據這張表可知，從大群體來看，各年齡層的死亡率會固定不變。而根據這份統計資料奠定的人壽保險，就始於哈雷的研究成果。

※：俗稱「標會」，在法律上則稱為合會，是民間一種小額信用貸款的型態，具有賺取利息與籌措資金的功能。

日本每10萬名男性死亡率曲線圖

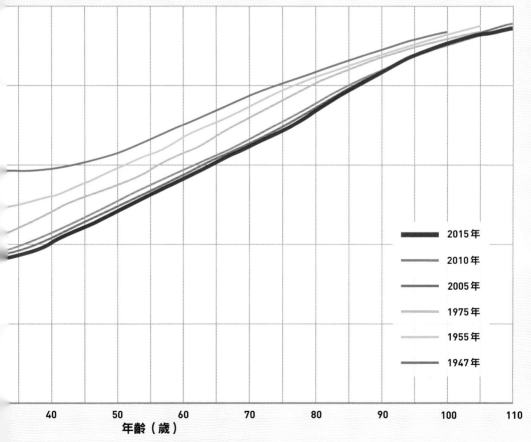

2015年
2010年
2005年
1975年
1955年
1947年

年齡（歲）
40　50　60　70　80　90　100　110

註：曲線圖是根據厚生勞動省《生命表（完全生命表）的概況》（第21回及22回）製作而成。另外，該表格也記載了女性的生存人數。

統計會在設定保險費時大顯身手

人壽保險會依照死亡率來決定保險費

人壽保險會以**死亡率為基準來訂定保險費**。

公益社團法人日本精算師協會根據各大保險公司提供的資料，總計並公開年齡別1年內的死亡率。譬如20歲男性1年內的死亡機率為0.059%。

那麼，我們就來衡量一下20歲男性的保險費。假設有個「1年保障期」的人壽保險，只要在1年以內死亡就支付1000萬日圓，而且投保人有10萬人。由於1年內的死亡率為0.059%，預估會有59人死亡，所以保險公司要支付的保險理賠金總額為59人×1000萬日圓＝5億9000萬日圓。這5億9000萬日圓要由10萬名投保人負擔，因此可以算出平均每個人的保險費為5900日圓。

不過，**這裡不包括保險公司的營運經費或盈餘等項目，所以實際的保險費會更高**。

人壽保險訂定金額的機制

圖片是藉由20、40及60歲的男性，呈現人壽保險的模型。假如在1年契約內死亡，就會支付1000萬日圓作為保險理賠金。死亡率會隨著年齡漸長而上升※，年齡愈高，保險費也愈高。

※：根據衛生福利部統計，2022年臺灣20～64歲男性死亡率：20～24歲0.066%，40～44歲0.262%，60～64歲1.273%。

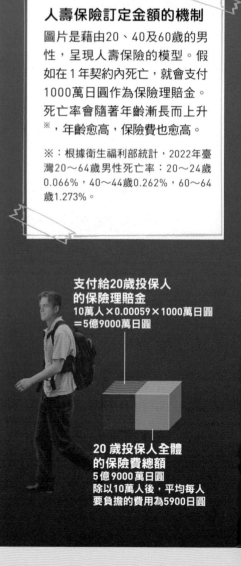

支付給20歲投保人的保險理賠金
10萬人×0.00059×1000萬日圓
＝5億9000萬日圓

20歲投保人全體的保險費總額
5億9000萬日圓
除以10萬人後，平均每人要負擔的費用為5900日圓

從年齡別看日本男性 1 年內的死亡率

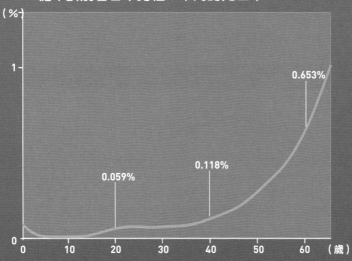

（%）

1

0.653%

0.118%

0.059%

0

0   10   20   30   40   50   60   （歲）

支付給60歲投保人
的保險理賠金
10萬人×0.00653
×1000萬日圓
＝65億3000萬日圓

支付給40歲投保人
的保險理賠金
10萬人×0.00118×1000萬日圓
＝11億8000萬日圓

40歲投保人全體
的保險費總額
11億8000萬日圓，
除以10萬人後，平均每人要
負擔的費用為 1 萬1800日圓

60 歲投保人全體
的保險費總額
65億3000 萬日圓，
除以10萬人後，平均每人要
負擔的費用為 6 萬5300日圓

訂定10年保障期人壽保險費的方法

將來保險理賠金增加的部分也包含在內

接下來評估「10年保障期」人壽保險的保險費，保額為10年內死亡就理賠1000萬日圓。

因為30歲男性1年內死亡的人數預估為68人，所以第1年保險公司要支付的保險理賠金總額為68人×1000萬日圓＝6億8000萬日圓。不過，死亡率會隨著年齡漸長而上升，當支付的保險理賠金增加的同時，還活著的投保人也會跟著減少。

根據生命表可以預估每年的死亡人數，就如右圖的紅字所示。由於10年內的預估死亡總人數為809人，因此10年期間保險公司預估要支付的保險理賠金總額為80億9000萬日圓。而10年間投保的總人數為99萬6709人（逐年累計仍然存活的投保人，由第1年的10萬人，到第10年繳了最後一期保險費的9萬9299人），假如不考慮保險公司的營運經費，就等於是以這些人數負擔保險費的總額。

由此可以推導出，每名投保人的保險費約為8116日圓。

保險費是這樣訂定的

此圖為針對10萬名30歲男性銷售10年契約，保險理賠金1000萬日圓的人壽保險時，最低支付額的算法。另外，假設投保人每年要繳定額的保險費，保險公司支付的保險理賠金總額與投保人繳的保險費總和算起來要盡量吻合，就能推導出保險費要繳多少。

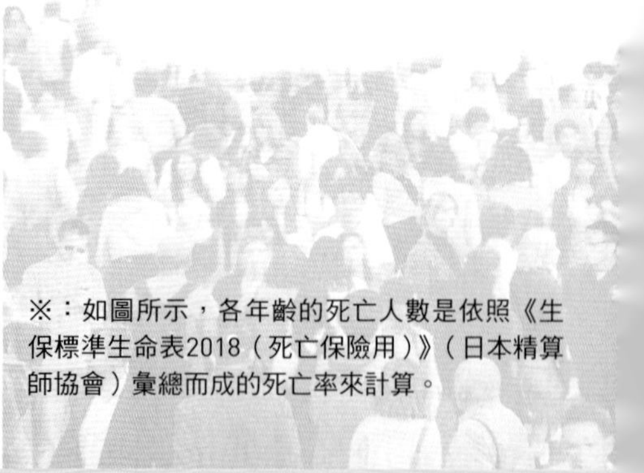

※：如圖所示，各年齡的死亡人數是依照《生保標準生命表2018（死亡保險用）》（日本精算師協會）彙總而成的死亡率來計算。

訂定10年保障期人壽保險的方法

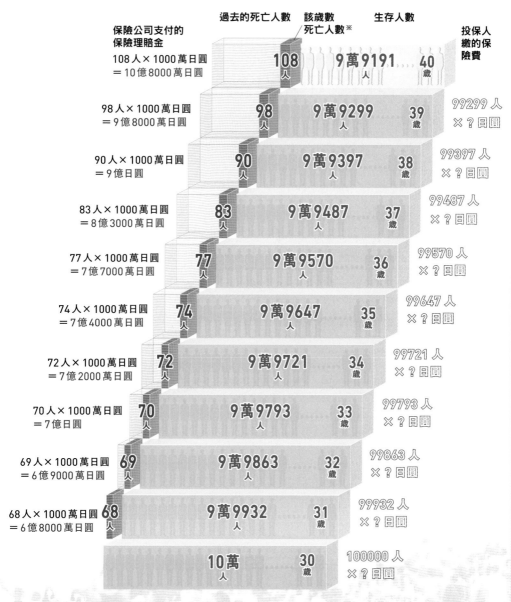

過去的死亡人數　該歲數死亡人數※　生存人數

保險公司支付的保險理賠金

投保人繳的保險費

108人×1000萬日圓＝10億8000萬日圓　108人　9萬9191人　40歲

98人×1000萬日圓＝9億8000萬日圓　98人　9萬9299人　39歲　99299人×？日圓

90人×1000萬日圓＝9億日圓　90人　9萬9397人　38歲　99397人×？日圓

83人×1000萬日圓＝8億3000萬日圓　83人　9萬9487人　37歲　99487人×？日圓

77人×1000萬日圓＝7億7000萬日圓　77人　9萬9570人　36歲　99570人×？日圓

74人×1000萬日圓＝7億4000萬日圓　74人　9萬9647人　35歲　99647人×？日圓

72人×1000萬日圓＝7億2000萬日圓　72人　9萬9721人　34歲　99721人×？日圓

70人×1000萬日圓＝7億日圓　70人　9萬9793人　33歲　99793人×？日圓

69人×1000萬日圓＝6億9000萬日圓　69人　9萬9863人　32歲　99863人×？日圓

68人×1000萬日圓＝6億8000萬日圓　68人　9萬9932人　31歲　99932人×？日圓

10萬人　30歲　100000人×？日圓

809人×1000萬日圓＝80億9000萬日圓＝
10年期間保險公司要支付的保險理賠金總額

996709人×？日圓
10年期間所有投保人所繳的保險費總額

加入10年期保險的投保人每年要繳的保險費 ？ ＝ **8117日圓**

註：假如是保險期間結束或解約時，支付的保險理賠金會歸還一部分的「儲蓄型保險」，保險費會相對提高。

損害保險的金額是怎麼決定的？

藉由統計評估風險，反映在保險費上

地震保險的機制

日本地震保險會以都道府縣為單位，評估地震發生的風險，再根據評估結果訂定保險費。右圖中藍色的區域劃定為低風險地區，顏色愈紅，風險愈高。評估為高風險地區的保險費就會上升。

地震的風險

↑
高

低
↓

地震保險和其他損害保險的基本觀念也和人壽保險相同，要根據過去的統計資料，算出要支付保險理賠金的機率，再訂定能夠彌補風險的保險費。

日本地震保險這項機制會以都道府縣為單位，評估地震發生的風險，再於評估風險高的地區提升保險費。決定保險費前也要考慮建築物是否為木造、建築年數及其他相關要素。※

另外，保險費便宜的汽車保險廣告，適用對象是沒有肇事記錄的「黃金駕照」駕駛。開車經驗淺的年輕駕駛當中不知道誰容易肇事，所以部分容易肇事者的風險，就反映在所有新手駕駛的保險費上。

至於**沒有肇事記錄的駕駛，將來肇事的機率也低，所以保險費就算便宜，保險公司也划得來。**

※：臺灣921大地震後實施的政策型保險，購買住宅火險就一定要加買地震基本險。全臺不分地區和屋齡單一費率，年繳保費為1,350元。可視需要加保超額地震險或擴大地震險。

保險公司不會吃虧的原因

保險在某種意義上也算是賭博。站在保險公司的立場，只要支付的保險理賠金少，經營就會很輕鬆。

是否必須支付理賠金給個別投保人取決於機率，有時必須付給一大批人。但**若投保人數很多，就要用以下示範的「大數法則」**（law of large numbers）[※]，**讓**

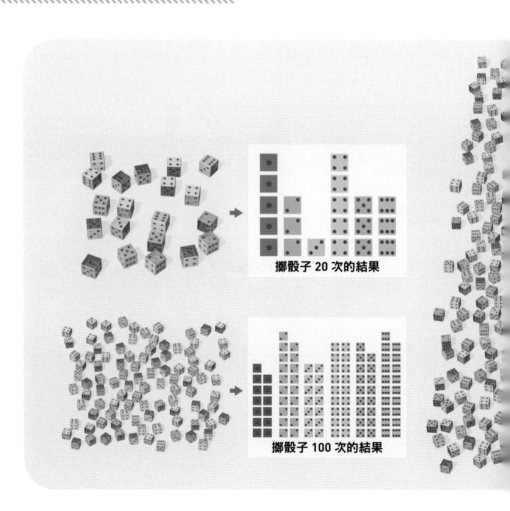

擲骰子 20 次的結果

擲骰子 100 次的結果

保險公司能以當初設定的機率支付保險理賠金。

「大數法則」由瑞士的數學家白努利（Jakob Bernoulli，1654～1705）花了20多年時間才證明而得，於1713年發表。以擲骰子為例，剛開始出現的點數會散亂不均，但在重複多次的過程中，點數的比例就會慢慢接近原本的 $\frac{1}{6}$ 機率。

幸虧有「大數法則」，保險公司才能穩健經營。

※：根據「大數法則」，樣本數量越多，則其算術平均值就有越高的機率接近期望值。推衍出某些隨機事件的平均值具有長期穩定性，亦即偶然之中包含著必然。

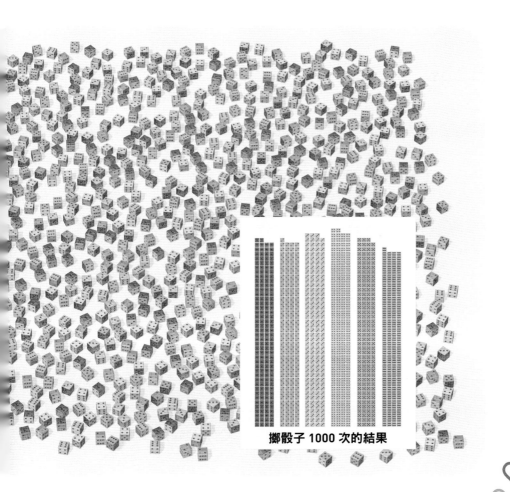

擲骰子 1000 次的結果

明明分數和上次一樣，為什麼會受到誇獎？

單憑考試分數和平均分數無法判斷成績

畫成圖表之後，差異就顯而易見

左圖離平均分數的離散度大，右圖離平均分數的離散度小，所以就算是相同的平均分數，圖表的形狀卻截然不同，雖一樣都是70分，所處的位置也有所差異。

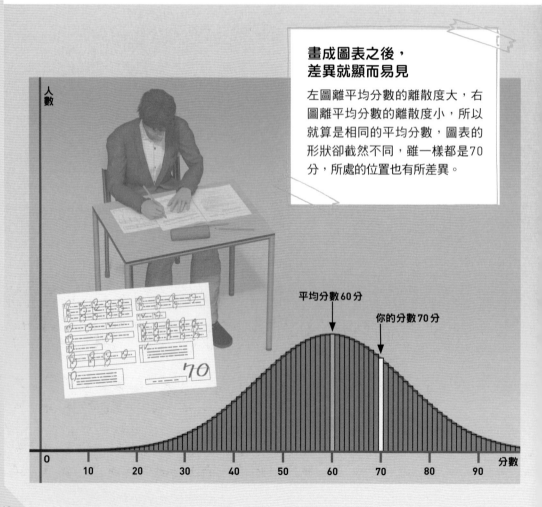

平均分數60分

你的分數70分

接下來要說明資料中的「離散度」，這是正確了解統計的關鍵。

假設你在考試中拿到70分，上次也一樣是70分，班上的平均分數也和上次一樣是60分。結果老師卻誇獎道：「你這次考得比上次好喔。」這是為什麼呢？

將圖表的橫軸設為分數，縱軸設為人數時，上次的考試成績為緩坡的分布（左頁）。反觀這次則呈尖銳的分布（右頁）。兩者的平均數雖然相同，「分布的方式」卻不同。

從這些圖表中可知，上次成績比你好的人很多，這次卻很少。**單憑平均數不足以掌握資料的特徵，關鍵在於知道各個資料散布在多遠的範圍內。**

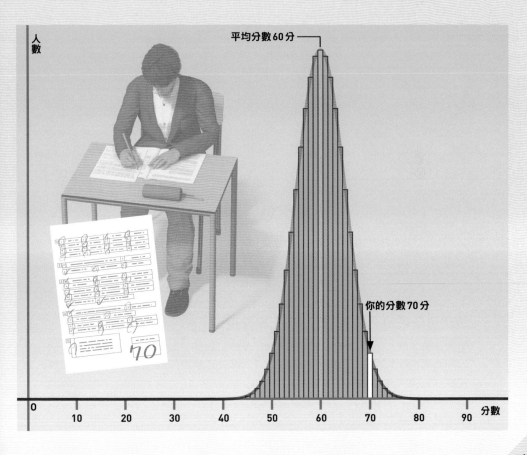

人數

平均分數60分

你的分數70分

0　　10　　20　　30　　40　　50　　60　　70　　80　　90　　分數

只要檢測「離散度」, 就可掌握資料的特徵

離散度的基準是「變異數」和「標準差」

| A 店的甜甜圈 | 平均：100 公克 | 變異數：308.5 | 標準差：17.56 |

127公克　84公克　82公克　126公克

90公克　111公克　100公克　97公克

93公克　118公克　67公克　105公克

檢測甜甜圈的「變異數」和「標準差」

求變異數之前，先要計算各家店舖甜甜圈重量的離差。以A店來說，左上角的甜甜圈為127公克，減平均數（100公克），得出離差「＋27公克」。第二個甜甜圈為84公克，減平均數（100公克），得出離差「－16公克」。將12個甜甜圈的離差平方後，加總除以12所得的平均數即為變異數。接著，將變異數開平方根即求出標準差。

正確了解統計，關鍵在於資料的離散度，所以要先算出**個別資料數據減平均數後的「離差」**（deviation），正值代表比平均數大，負值代表比平均數小。假如平均分數是60分，你的分數是70分，離差就是＋10。假如你的分數是50分，離差就是－10。

將所有離差單純相加後一定會等於零，但若**將離差平方後再加總平均，就會獲得適合表示離散度大小的指標。這就稱為「變異數」**（variance，又稱方差）。

圖為比較兩家店舖甜甜圈重量的結果。兩家店的甜甜圈重量平均數都是100公克。計算變異數之後，得到A店為308.5，B店約為3.8，可知A店的離散度比較大。

變異數的正平方根※**稱為「標準差」**（standard deviation），表示**「大多數資料會集中在離平均多遠的範圍內」**。A店的標準差約為17.56，意思是約有7成※的甜甜圈落在100±17.56公克的範圍內。B店的標準差約為1.96，意思是約有7成的甜甜圈落在100±1.96公克的狹窄範圍內。

※：在統計學的常態分布中，與平均值偏離一個標準差以內的數據佔68%（約7成）。

B店的甜甜圈　平均：100 公克　變異數：3.83　標準差：1.96

97公克　99公克　102公克　101公克

101公克　100公克　99公克　99公克

103公克　103公克　99公克　97公克

變異數公式

$$變異數 = \frac{資料_1的離差^2 + 資料_2的離差^2 + \cdots + 最後資料的離差^2}{資料個數}$$

標準差公式

$$標準差 = \sqrt{變異數}$$

※：平方根要用電子計算機的根號鍵計算。

來看看擲骰子的變異數和標準差

明明平均數一樣，變異數和標準差卻各有不同

平均數、變異數、標準差

平均數、變異數及標準差的公式如下。右頁的骰子點數雖然平均都是「3」，變異數和標準差的數值卻各有不同。

$$平均數 = \frac{資料值總計}{資料個數}$$

$$變異數 = \frac{(資料1-平均)^2+(資料2-平均)^2+\cdots+(最後資料-平均)^2}{資料個數}$$

$$標準差 = \sqrt{變異數}$$

這裡要以擲骰子為例，複習之前說明過的「平均數」、「變異數」及「標準差」。

假設三人各擲5次骰子後獲得的點數。第一個人1～5各出現1次，平均（點）數為（1＋2＋3＋4＋5）÷5＝3。第二位5次都出現3時的平均數為（3＋3＋3＋3＋3）÷5＝3。最後一位1出現2次，3出現1次，5出現2次的平均數也是3。

接著我們來計算變異數和標準差。結果會發現平均數雖然都相同，變異數和標準差的數值卻各有不同（下圖）。

綜上所述，單憑平均數不足以掌握資料的特徵。**正確解讀統計數字的關鍵，就在於求出變異數和標準差，觀察資料的離散度。**

※：擲骰子出現的點數是隨機的，理論上，完全公正的骰子的重心應該在正中央，使得擲出每一面的機率完全相同。但這在製作上並不容易，以六面骰子為例，由於點數6的凹洞較點數1的凹洞多，因此在沒有特別調整的前提下，點數1那一面勢必會比較重。

3出現5次的情況

平均數＝3
變異數＝0
標準差＝0

1～5各出現1次的情況

平均數＝3
變異數＝2
標準差＝$\sqrt{2}$≒1.4

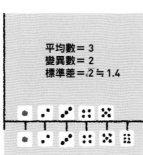

1出現2次，3出現1次，5出現2次的情況

平均數＝3
變異數＝3.2
標準差＝$\sqrt{3.2}$≒1.8

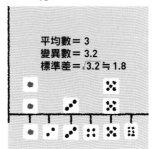

【平均數和變異數的計算】

5次都出現3的情況

平均數：（3＋3＋3＋3＋3）÷5＝3

變異數：$\{(3-3)^2+(3-3)^2+(3-3)^2+(3-3)^2+(3-3)^2\}÷5=0$

從1到5各出現1次的情況

平均數：（1＋2＋3＋4＋5）÷5＝3

變異數：$\{(1-3)^2+(2-3)^2+(3-3)^2+(4-3)^2+(5-3)^2\}÷5=2$

1出現2次，3出現1次，5出現2次的情況

平均數：（1＋1＋3＋5＋5）÷5＝3

變異數：$\{(1-3)^2+(1-3)^2+(3-3)^2+(5-3)^2+(5-3)^2\}÷5=3.2$

「偏差值」可以這樣算出來

使用標準差來計算

談到考試時，經常會聽到「偏差值」這個詞。標準差這項指標是表示資料的離散度，偏差值這項指標則是表示「一個人的分數與平均分數的偏離程度以及往哪個方向偏離」。

偏差值要使用標準差來計算。公式就標示在右頁的上方。

當你的考試分數與平均分數相同時，代入公式計算的偏差值為50。每當你的分數比平均數上升或下降一個標準差，偏差值就會以10為單位遞增或遞減。※

譬如假設某次考試的平均分數為65分，標準差為15，你的分數為95分。代入右上方的公式後，偏差值就等於70。換句話說，就會知道你的分數比平均分數高兩個標準差（15×2＝30）。

※：一般考試的分數分布會依循「常態分布」。因此，現實中偏差值幾乎不會超過80。

偏差值的分布

只要滿足應考人數夠多等條件，考試成績的分布就會呈鐘形的常態分布（詳情見下一頁）。當考試的平均分數為65分，標準差為15，你的分數為95分時，偏差值的分布就如右圖所示。另外，當考試成績遵循常態分布時，所有資料約有99.7%會涵蓋在偏差值20～80的範圍內。

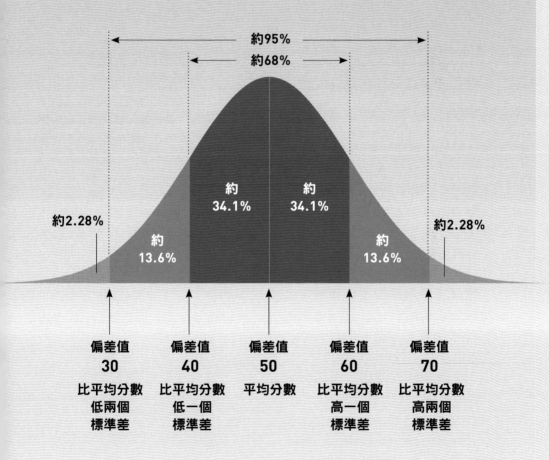

偏差值公式

$$偏差值 = \frac{分數 - 平均分數}{標準差} \times 10 + 50$$

約95%

約68%

約2.28%

約34.1%　約34.1%

約13.6%　約13.6%

約2.28%

| 偏差值 30 | 偏差值 40 | 偏差值 50 | 偏差值 60 | 偏差值 70 |
| 比平均分數 低兩個 標準差 | 比平均分數 低一個 標準差 | 平均分數 | 比平均分數 高一個 標準差 | 比平均分數 高兩個 標準差 |

「常態分布」掌握了統計的關鍵

自然界和社會上隨處可見的鐘形分布

一般來說，只要滿足應考人數夠多等條件，考試分數的分布就會是「常態分布」。常態分布呈左右對稱的山形曲線，形狀像是吊鐘，所以又稱為「鐘形曲線」（bell-shaped curve）。※

常態分布的圖形取決於平均數和變異數（或標準差）。另外，平均數為0，標準差為1的常態分布，則會特別稱之為「標準常態分布」（standard normal distribution）。

常態分布不只在考試分數上看得到，也出現在人的身高、自然界或生活周遭的各種現象中。因此會被運用在估算電視收視率、民意調查、工廠的品質管理，以及其他統計分析的各種情境。

基於這樣的理由，常態分布在統計學中特別重要。

※：常態分布的曲線形狀由標準差的值所決定。標準差愈小，曲線就愈會呈現較陡峭的山峰狀，標準差愈大，就愈會形成較平緩的吊鐘狀。

藉由重複性創造出常態分布

彈珠在彈珠檯的盤面從上往下掉，每撞擊一次針腳，就會向右或向左掉落。假如向左行進的機率為50%，向右行進的機率為50%，每次撞到針腳時就會向左或向右行進二選一。當許多彈珠掉落後，堆積在下方的彈珠就會以中央為核心描繪出山形。最後變成「常態分布」，描繪出平滑的山形（鐘形）曲線。

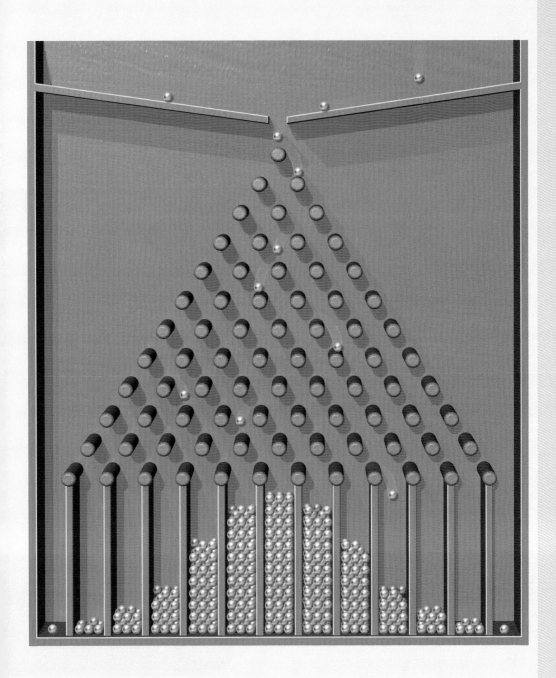

註：就如彈珠「是否會向右（向左）行進」一樣，只要反覆檢測現象A在某個機率下是否發生，再以機率表示現象A的發生次數，這種分布稱為二項分布（binomial distribution）。常態分布是由法國數學家棣美弗（Abraham de Moivre，1667〜1754）從二項分布的研究中發現而得。

Coffee Break

在法國，身高 157公分的年輕人很少？

這 裡要介紹藉由常態分布揭穿謊言的例子。

統計學家夸特來（Adolphe Quetelet，1796～1874）[※]察覺到法軍徵兵體檢時，測量出來的年輕人身高有奇怪之處。

從身高的分布來看，身高在平均左右的人應該會很多，就像常態分布一樣。然而**徵兵體檢時，法國年輕人稍微高於157公分者很少，相反的，稍微低於157公分的人數極多。**

夸特來推測理由如下：當時法軍只徵召身高157公分以上的年輕人當兵，所以一部分稍高於157公分的年輕人就會低報身高。因此常態分布就變了樣，體檢記錄157公分以下的人數比實際上還多。

※：夸特來創立了人體測量學，並開發出體重指數（BMI）量表，1835年發表了人類平均方差理論，顯示人類特徵按照常態曲線分布。

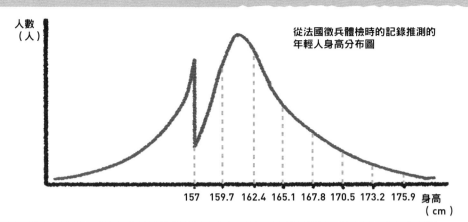

從法國徵兵體檢時的記錄推測的
年輕人身高分布圖

人數
（人）

157　159.7　162.4　165.1　167.8　170.5　173.2　175.9　身高
（cm）

圖表根據《知識統計學２》（福井幸男著，共立出版）製作而成

極端的資料有時會超過偏差值100

若有極端的偏離，偏差值也可能為負

測驗成績依循常態分布時，所有資料約有99.7%涵蓋在偏差值20～80的範圍內。但**若資料有極端的偏離，偏差值也可能會比80高或比20低**。

假設100個人參加測驗A之後的平均分數為59.0分，變異數約為292.5，標準差約為17.1。在測驗中考到100分的人，會比平均數59分高41分。這大約相當於標準差（17.1）的2.4倍，所以偏差值是10×2.4＝24加上50，等於74。

不過，就如測驗B的例子一樣，100個人的平均分數為6.41分，只要有1個人考到100分，那個人的偏差值就是147.8。遇到類似這種極端的情況，偏差值就有機會變成200或1000，再大都有可能。

假設只有1個人100分，偏差值是多少？

這些柱狀圖標示出100人參加測驗A（左）和測驗B（右）的結果，以及其偏差值的分布。在平均數極低的測驗B當中，考到100分的人偏差值約為148。

測驗A

49	26	58	39	50	57	71	33	31	55
81	57	80	64	70	59	49	59	54	51
62	61	42	95	55	61	65	37	26	37
61	92	68	64	57	87	60	51	34	49
50	67	40	21	71	90	52	78	46	60
51	41	70	76	69	63	25	74	66	78
75	75	29	71	46	58	78	31	82	55
58	74	55	77	60	65	39	69	62	53
89	68	80	41	78	84	70	43	66	⟨100⟩
59	45	20	59	44	65	49	74	62	47

測驗B

4	2	5	3	5	5	7	3	3	5
8	5	8	6	7	5	4	5	5	5
6	6	4	9	5	6	3	2	3	
6	9	6	8	5	8	6	5	3	4
5	6	4	2	7	9	5	7	4	6
5	4	7	6	9	2	7	6	7	
7	7	2	7	4	5	7	3	8	5
5	7	5	6	6	3	6	6	9	
8	6	8	4	7	8	7	4	6	⟨100⟩
5	4	2	5	4	6	4	7	6	4

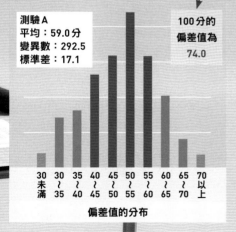

測驗A
平均：59.0分
變異數：292.5
標準差：17.1

100分的
偏差值為
74.0

偏差值的分布

（橫軸）30未滿　30〜35　35〜40　40〜45　45〜50　50〜55　55〜60　60〜65　65〜70　70以上

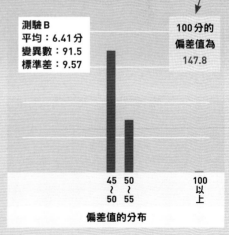

測驗B
平均：6.41分
變異數：91.5
標準差：9.57

100分的
偏差值為
147.8

偏差值的分布

（橫軸）45〜50　50〜55　100以上

偏差值和學力
不見得一致

考試的難度和應考人數會改變偏差值

從第46頁起，我們看到了偏差值的意義和算法。

從目前為止的說明可知，偏差值取決於每次考試的標準差或其他特徵。即使是同等學力的人，**偏差值也會因為考試的難度和考生的程度而改變。**

另外，當考生數或出題數少，或是出題難度偏頗時，也可能不遵循常態分布。極端情況下，偏差值還有可能超過100或變成負數。

附帶一提，考大學時的偏差值[※]可能會比考高中時還要低。一般來說，所有考生的學力在考大學時往往會比考高中時還要高。因此在考大學時，自己在所有考生中的排名，亦即偏差值往往較低。

※：臺灣的「大學學測級分」以該科前面1％考生（取整數）的平均原始分數除以15（取至小數第二位，第三位四捨五入）作為各科之級距，原始得分0分者為0級分，每增加一個級距，依次往上得1、2、3、……，最高為15級分。因為共有五考科，大學科系採計其中四科，所以學測總級分滿分為60級分。

偏差值依考試而定

有時偏差值會變，會依學校課堂上的考試和填報特定志願的大學入學考而不同。

問題

算出射箭分數的偏差值

這 裡要請你運用某場比賽的結果，實際算出平均數。

　　某間大學的射箭社在進行練習賽。

　　練習賽的參加者有5個人。1個人射10次，箭射在靶子中心處才算得分（10分）比賽誰的得

分高。

　　比賽結束後，A同學獲得60分，B同學獲得50分，C同學獲得80分，D同學獲得40分，E同學獲得20分。請算出每個人的偏差值。

❯解答在下一個跨頁

	A同學	B同學	C同學	D同學	E同學
得分	60	50	80	40	20
偏差值	?	?	?	?	?

解答

以平均數、變異數及 標準差計算偏差值……

首先計算 5 個參賽者的得分平均數。

$$(60＋50＋80＋40＋20)÷5＝50$$

其次利用右上方的公式，算出變異數。

$$\{(60－50)^2＋(50－50)^2$$
$$＋(80－50)^2＋(40－50)^2$$
$$＋(20－50)^2\}÷5＝400$$

接著算出標準差。

$$\sqrt{400}＝20$$

將這些數值和得分代入偏差值的公式，計算每個人的偏差值。譬如 A 同學的情況如下所示：

$$(60－50)÷20×10＋50＝55$$

全部計算完畢後，如右表所示。

$$變異數 = \frac{(第1人的得分-平均數)^2 + \cdots + (第5人的得分-平均數)^2}{參加人數}$$

$$標準差 = \sqrt{變異數}$$

$$偏差值 = \frac{得分數-平均數}{標準差} \times 10 + 50$$

	A同學	B同學	C同學	D同學	E同學
得分	60	50	80	40	20
偏差值	55	50	65	45	35

要觀察整體還是要觀察部分

某間大學有理學院和醫學院兩個學院。某年入學考試的結果顯示,男生的錄取率為53.6%,女生的錄取率為43.0%,但若將學院的錄取率分開來看,則會發現無論是理學院或醫學院,女生的錄取率都高於男生。

這個現象就稱為辛普森悖論

女生比較難考上?

圖片為某間大學的入學考試統整資料(照片中的大學非事發地)。以整間大學來看,男生的錄取率高於女生。不過,只要將學院分開來看,結果就會逆轉。

男性
應考人數:645名
上榜者 :346名
落榜者 :299名

男性全體考生
的錄取率

錄取率
53.6%

女性
應考人數:395名
上榜者 :170名
落榜者 :225名

女性全體考生
的錄取率

錄取率
43.0%

（Simpson's Paradox）。英國的統計學家辛普森（Edward Hugh Simpson，1922～2019）在1951年舉出這個例子，指出**關注整體和關注局部會得到不同的結論。**

這個悖論談的是只看整體或只看局部可能會推導出不正確的結論。換句話說，如果別有用心的人士不當運用這個悖論會讓資料看起來站得住腳。為了避免被統計的謊言矇騙，我們也要記得這個悖論。

※：導致辛普森悖論的因素如下：兩個學院的錄取率相差很大（理學院的男77.6%女82.8%、醫學院的男19.2%女20.0%），大多數男考生（380人）與較少數女考生（145人）報考高錄取率的理學院，大幅提升了男生的上榜人數。而大多數女考生（250人）與較少數男考生（265人）報考低錄取率的醫學院，大幅拉低了女生的上榜人數。

理學院

男性 應考人數：380名　　　　　**女性** 應考人數：145名

上榜：295名　　　錄取率
落榜者：85名　　　77.6%

上榜者：120名　　錄取率
落榜者：25名　　　82.8%

醫學院

男性 應考人數：265名　　　　　**女性** 應考人數：250名

錄取率
19.2%

錄取率
20.0%

上榜者：51名
落榜者：214名

上榜者：50名
落榜者：200名

3

藉由「相關」看出
兩個資料的關係

「氣溫上升之後，啤酒的銷售額就會增加」，
類似這樣兩個量值之間的關係稱為「相關」
（correlation）。比較各式各樣的資料時，了
解相關關係會非常重要，但其中也有陷阱。
這一章要來詳細說明相關的關係，以免錯誤
解讀資料。

「相關」是
兩個量值之間的關係

其中一方的量值變化後，另一方的量值也會變化

統計學上，當一方的量值增加，另一方的量值也呈現增加的趨勢時，就稱為「正相關」（positive correlation）。反過來說，當一方增加，另一方呈現減少的趨勢時，就稱為「負相關」（negative correlation）。而當兩種趨勢都沒有出現時則稱為「無相關」（uncorrelated）。

每天的新聞中有許多奠基於統計調查的資訊，但在觀看這種統計的結果時要注意一件事，那就是「相關關係」（correlation）以及「因果關係」（causality）之間的差異。

「因果關係」是兩件事物（現象）的「原因」和「結果」有關。**具備相關關係的兩件事物不見得有因果關係**。若沒注意這點，有時就會被「偽關係」（spurious relationship）矇騙。偽關係指兩個現象之間雖無因果關係，看起來卻好像有因果關係。※

這究竟是怎麼回事？下一頁會介紹具體的例子。

※：在統計學中，「真的」具備「相關關係」但無「因果關係」者，不應稱為「偽相關」，完整而正確的名稱應該是「偽因果關係」。

表示相關關係的「散布圖」

右圖為「正相關」、「負相關」及「無相關」的典型「散布圖」（scatter plot）。散布圖是用直角座標系上的點表示資料中二個或多個變數分布方式的圖，又稱為「相關圖」（correlogram）。

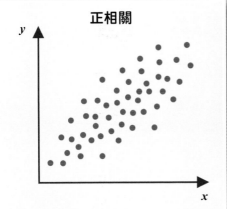

「x 值增加後 y 值也增加」、「x 值減少後 y 值也減少」，假如呈現上述的趨勢，就稱為「正相關」，相當於兩者的相關係數（correlation coefficient，第68～69頁）接近 1。

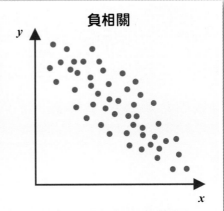

「x 值增加後 y 值減少」、「x 值減少後 y 值增加」，假如呈現上述的趨勢，就稱為「負相關」，相當於兩者的相關係數接近－1。

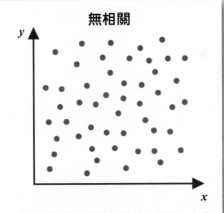

x 值的增減與 y 值的增減並未呈現一定的關係時，就稱為「無相關」，相當於兩者的相關係數接近 0。

啤酒的銷售量增加後，溺水意外也會增加？

關鍵在於看穿造成「偽關係」的「第三方現象」

假設出現「啤酒的銷售量增加後，溺水意外就會增加」的相關關係，也不能貿然認定「只要控制啤酒的銷售，溺水意外應該就會減少」。或許其中也有因為酒後溺水而讓人記住的例子，但那是稀有的個案。以常識來看，幾乎所有的溺水意外應該都和啤酒的販賣沒有因果關係。

從上述的例子中，可以推測「氣溫」這項另外的原因，會雙雙影響「啤酒的銷售額」和「溺水意外的件數」。假如氣溫上升，啤酒銷量也會上升，海邊和河川的戲水遊客增加，溺水意外也會增加。假如氣溫下降，情況就會相反。

綜上所述，**觀察現象間的相關關係時，衡量是否有「第三方現象」讓兩個現象具備相關關係，是非常重要的。**

注意潛藏在偽關係※背後的「真正原因」！

想像一下偽關係的例子。就算「啤酒的銷售額」和「溺水意外的件數」有相關關係，也不代表有因果關係。以這個情況來說，兩種現象之外的要素「氣溫」才是真正原因。

※：「偽關係」是指一種「狹義的相關」現象，例如太陽西沉和月亮東升並無因果關係，但這兩種現象確實是相關的，因為地球自轉，太陽西沉時月亮正好東升。

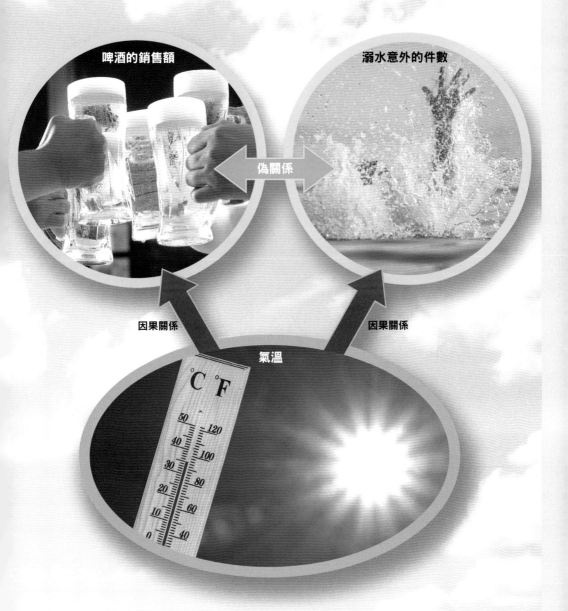

啤酒的銷售額

溺水意外的件數

偽關係

因果關係

因果關係

氣溫

查出相關是統計學的基本功

以數值表示相關的「相關係數」

實際活用統計資料時調查是否有相關，是統計學基本中的基本。關於正相關與負相關，第64～65頁已經介紹過，**藉由「相關係數」這項數值，就可以表示兩個資料是否有相關關係。**

相關係數會以1到－1的數值來表示。愈接近1正相關就愈強，愈接近－1負相關就愈強，而在接近0的時候則沒有相關。

假設有一張散布圖如右所示。A的資料為正相關，資料數據往右上方呈直線排列。反之若為負相關時，則會往右下方呈直線排列。

另一方面，假如資料像B或C一樣分散，相關就會減弱。相關係數的算法將在下一單元說明。

相關係數

當資料往右上方呈直線排列，就像紅點（A）一樣時，相關係數會等於1。雖然資料呈上升趨勢，卻像藍點（B）一樣離散時，相關係數會小於1。當資料離散得更遠，就像綠點（C）一樣完全失去上升趨勢時，相關係數會接近0。※

※：資料相關係數1.00稱為「完全相關」，0.70～0.99稱為「高度相關」，0.40～0.69稱為「中度相關」，0.10～0.39稱為「低度相關」，0.10以下稱為「微弱相關或無相關」。

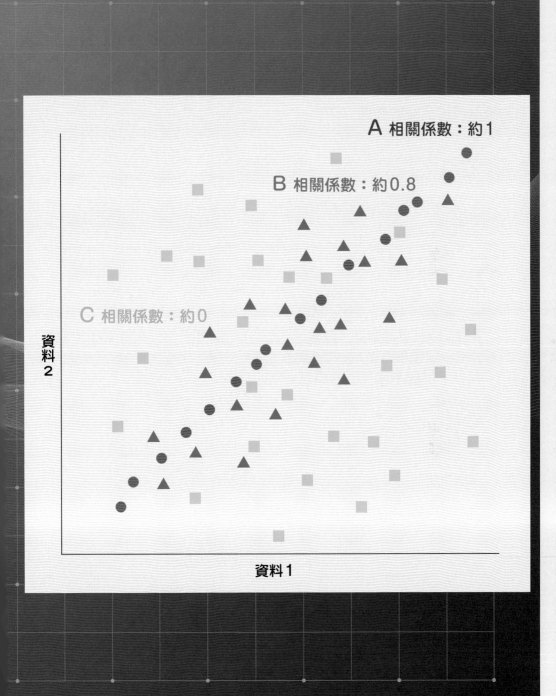

從兩種資料算出相關係數的方法

首先要計算出「共變異數」

接著，我們就來看看相關係數具體的算法。

「相關」是資料呈現以下的關係：x 增加後 y 也增加，或是 x 增加後 y 會減少。x 離差（與平均數的差值）和 y 離差的乘積平均值稱為「共變異數」（covariance，又稱協方差）[※]，共變異數除以 x 的標準差與 y 的標準差（第42～43頁）後的數值則為相關係數。

讓我們想想以下的例子。右邊是 9 個資料（◇）的散布圖，具有小學生的身高（x 公分）和體重（y 公斤）這兩個量值。求出所有資料「x 離差與 y 離差的乘積」，加總後取其平均值就是「共變異數」。共變異數除以 x 標準差2.58與 y 標準差2.58後的0.77即為相關係數。

附帶一提，只要活用試算表軟體（例如Microsoft Excel或Mac OS Numbers），就可以輕易算出相關係數。

※：兩個隨機變數若「獨立」代表其中之一的值對另一變數的值毫無影響。若「不獨立」，則二變數間便有關係。共變異數用於量測多個變數同時變化的情況，衡量其相關程度的強弱。

共變異數計算法

$$共變異數 = (資料_1的\ x\ 離差 \times 資料_1的\ y\ 離差$$
$$+ 資料_2的\ x\ 離差 \times 資料_2的\ y\ 離差$$
$$\vdots$$
$$+ 資料_n的\ x\ 離差 \times 資料_n的\ y\ 離差) \times \frac{1}{n}$$

相關係數計算法

$$相關係數 = \frac{共變異數}{x\ 的標準差 \times y\ 的標準差}$$

相關的強度不表示因果關係

看似相關的閾值（threshold）並非取決於數學，而是依論及相關的場合或研究領域而異。另外，雖然兩個量值看似強相關，也不代表有因果關係，需要留意。

※：閾值為令對象發生某種變化所需的某種條件的值。

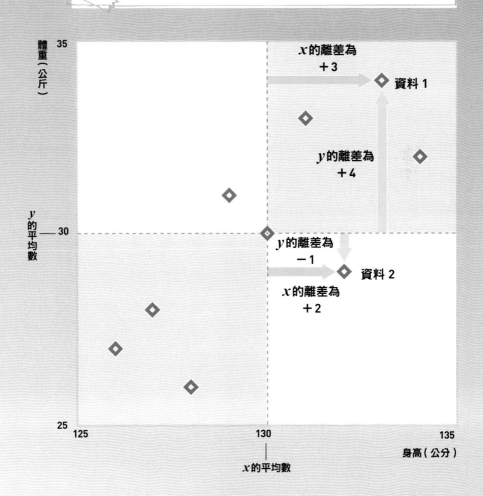

資料1：$x = 133$，$y = 34$
x 的離差為 $133 - 130 = +3$
y 的離差為 $34 - 30 = +4$
兩者的積為
$\quad (+3) \times (+4) = 12$

資料2：$x = 132$，$y = 29$
x 的離差為 $132 - 130 = +2$
y 的離差為 $29 - 30 = -1$
兩者的積為
$\quad (+2) \times (-1) = -2$

...

求出9個資料「x 離差和 y 離差的乘積」，加總後取其平均值就是「共變異數」。上面的資料顯示共變異數為5.1，除以 x 標準差2.58與 y 標準差2.58後的0.77即為相關係數。

Coffee Break

氣溫一到
30℃，
冰淇淋就
賣不掉？

近年來，氣溫和食物的相關關係受到各式各樣的分析。譬如氣溫超過25℃後，冰淇淋會賣得好。或許各位會覺得天氣一熱冰品就賣得好是理所當然，不過這項分析還有下文。**假如超過30℃，賣得好的就是刨冰而不是冰淇淋。**

冰淇淋含有乳脂肪，假如氣溫太高，口中就會殘留黏糊的

不快感，讓人敬而遠之。另外，若天氣變得炎熱，人不只會渴望冰涼，還會想吃水分多的東西。因此，只要氣溫超過30℃，幾乎由水分組成且滋味更清爽的刨冰就會賣得好。

就像這樣，**外食產業或小賣店會分析氣溫和商品銷路的相關關係，致力於機動調整提升獲利。**

※：臺灣冰品製作方式、飲食習慣等與日本不同。根據Social Lab社群實驗室2023年5～8月的調查顯示，氣溫大多高過30℃的臺灣夏季，最受歡迎的冰品是冰淇淋，高過排名第4的刨冰。

出處：常盤勝美〈所以冰淇淋在氣溫超過25℃後會賣得好〉，《商業界》，2018

要怎麼預測葡萄酒未來的價值？

從四個要素分析葡萄酒的價格

愛好葡萄酒的經濟學家亞森菲爾特（Orley Ashenfelter），曾預測法國波爾多（Bordeaux）地區製造的葡萄酒價格。他調查與波爾多葡萄酒相關的各種因子，發現會大幅影響價格的四個要素。那就是原料葡萄栽培年份的「4～9月平均氣溫」、「8～9月降雨量」、「收穫前一年10月～當年3月的降雨量」及「葡萄酒的年齡」（釀造後的歷經年數）。

相關係數會以 1 到 −1 的數值來表示。愈接近 1 正相關就愈強，愈接近 −1 負相關就愈強，而在接近 0 的時候則沒有相關。

以這些要素（量值）為橫軸，葡萄酒的價格為縱軸，配置資料後就形成右邊的散布圖。譬如以A圖來看，葡萄收穫前一年冬季的降雨量愈多，葡萄酒的價格就愈高。類似這樣**分析兩個量值的關**係，調查兩者關聯性的統計方法就稱為**「相關分析」**（correlation analysis）。

決定葡萄酒價格的四個要素

亞森菲爾特教授發現了決定波爾多葡萄酒價格的四個要素，其與葡萄酒價格的關係就如右邊的散布圖（A～D）所示。縱軸是表示葡萄酒價格的指標[1]，愈往圖表上方就代表愈高價。橫軸則分別配置四個要素。譬如從C的散布圖可知，夏季氣溫愈高，當年的葡萄酒價格就愈有上漲的趨勢。

A. 收穫前一年10月～當年3月的降雨量與葡萄酒價格的散布圖

葡萄收穫前一年冬季的降雨量愈多，葡萄酒的價格就愈會有上漲的趨勢（正相關）。

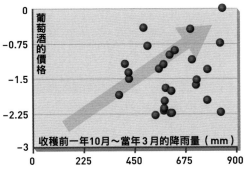

B. 8～9月降雨量與葡萄酒價格的散布圖

葡萄生長的夏季降雨量愈多，葡萄酒的價格就愈會有下跌的趨勢（負相關）。

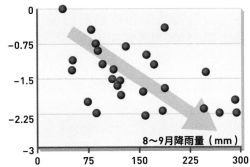

C. 4～9月平均氣溫與葡萄酒價格的散布圖

葡萄生長的夏季氣溫愈高，葡萄酒的價格就愈會有上漲的趨勢（正相關）。

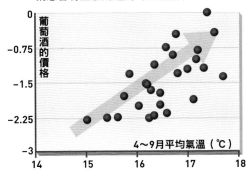

D. 葡萄酒的年齡與葡萄酒價格的散布圖

葡萄酒釀造後保存期間愈長，價格就愈會有上漲的趨勢（正相關）。

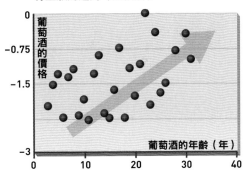

※1：以上面的圖表和下一頁的方程式來說，葡萄酒的價格是將「生產後第t年的葡萄酒拍賣價格」除以「1961年生產葡萄酒的拍賣價格」，再取其對數（logarithm）[2]的數值來表示。當這項指標為0時，就代表其價格與1961年生產的葡萄酒拍賣價格同高，指標值愈小於0，就意味著價格愈便宜。

※2：對數為某個數（底數）要成為某個數（真數）時，所需要的連乘次數。可以簡化乘法運算為加法，簡化除法為減法，簡化冪運算為乘法，簡化根運算為除法。所以在發明電子計算機之前，對數對進行冗長的數值運算很有用，廣泛用於天文、工程、航海和測繪等領域中。

散布圖是根據http://www.luquidasset.com/orley.htm製作而成

從四種相關關係萌生的 「葡萄酒方程式」

**藉由身為葡萄酒愛好者的教授所發明的方程式，
算出葡萄酒的價值**

葡萄酒方程式
亞森菲爾特教授替四個與波爾多葡萄酒價格有相關關係的
資料加權（weight），推導出「葡萄酒方程式」。
「加權」即是為數值賦予「權重」（指某一因素或指標相對
於某一事物的重要程度），也就是「乘以權重」或「乘以相
關係數」。下方算式右側的0.00117等數值即為各指標的
「相關係數」。

| 前一年10月～當年3月的降雨量 | ×0.00117 |

－ | 8～9月降雨量 | ×0.00386 |

＋ | 4～9月平均氣溫 | ×0.616 |

＋ | 葡萄酒的年齡 | ×0.02358 |

－ 12.145

＝ **表示葡萄酒價格的指標**

亞 森菲爾特教授接著從四個與葡萄酒價格相關的要素，推導出了計算波爾多葡萄酒價格的「葡萄酒方程式」。如此一來，即使不靠專家，也能預測葡萄酒將來是否具備高價值。

我們就從教授發表的論文，實際求出「1983年時估算1971年波爾多葡萄酒價格」的指標。左下方的葡萄酒方程式要代入1970～1971年的氣象資訊和葡萄酒的年齡，變成右下方的式子。計算這道式子會得到答案「－1.3214」。

而用當時實際的葡萄酒價格求出的指數則為「－1.3」，與方程式的答案幾乎一致。

1990年，《紐約時報》有一篇文章，報導亞森菲爾特不同意著名葡萄酒評論大師派克（Robert Parker）對1986年葡萄酒質量「非常好」的評價，並且大膽預言1989年波爾多葡萄酒品質極佳。當時1989年波爾多葡萄酒剛入橡木桶三個月，依照傳統，酒評家在葡萄酒入桶後，要等待四個月才能進行第一次桶邊試飲，亞森菲爾特便先預言1989年波爾多葡萄酒品質極佳，甚至預言1990年波爾多葡萄酒比1989年更好！後來品酒一致證明1989年波爾多葡萄酒的確是世紀年份，而且1990年更勝於1989年！

「1983年時估算1971年波爾多葡萄酒價格」的指標

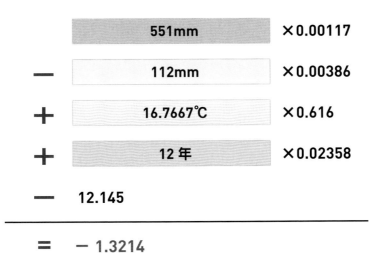

$$551\text{mm} \times 0.00117$$
$$-\ 112\text{mm} \times 0.00386$$
$$+\ 16.7667°\text{C} \times 0.616$$
$$+\ 12\ \text{年} \times 0.02358$$
$$-\ 12.145$$
$$=\ -1.3214$$

方程式是根據http://www.luquidasset.com/orley.htm製作而成

資料限縮得太過頭，就會看不出相關

擷取資料的方法不同，有時會導出不同的結論

擷取資料的方式會改變分布

A圖是以某間大學入學的學生為對象，根據入學考試的成績和入學後學科測驗的成績繪製的相關圖。資料的分布相當零散，看不出兩者有相關。假如是將全體考生包含落榜者的入學考試成績納入，資料的分布就會如B圖所示。

A. 入學考試的分數和入學後學科測驗成績的相關圖

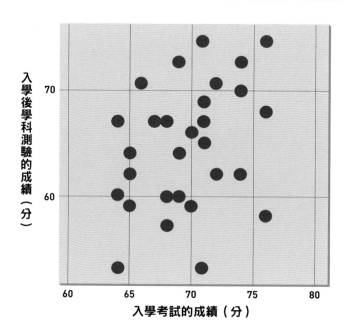

入學後學科測驗的成績（分）

入學考試的成績（分）

接下來繼續說明評估相關時的注意事項。

某間大學將學生的入學考試成績和入學後學科測驗的成績繪製成相關圖，卻看不出兩者有相關（A）。這難道就表示入學考試篩選不出優秀的學生，也就是「入學考試沒有意義」嗎？

這當中有一個陷阱。要評估入學考試有沒有意義，就需連落榜的考生也包含進去再來判斷。這個例子的**觀測對象只有全體應試考生中優秀的那群上榜者，所以看不出相關**。假如把落榜的人都算進整體考生內，就會發現入學考試成績愈好的學生，學科測驗的成績也會愈好，這樣就看得出資料有「正相關」（B）。

因為過度篩選資料而弱化相關的現象稱為選擇效應（selection effect）[※]，資料擷取方式會影響結論的對錯。

※：17世紀初，英國劍橋一位大型馬廄的老闆霍布森（Thomas Hobson）出租馬匹時，為了避免熱門的幾匹好馬變得過度勞累，實施馬匹的輪班制度，顧客只以選距離馬廄門最近的馬匹，或者根本不選。後人便將此種受限制的選擇稱為霍布森選擇效應（Hobson choice Effect）。

B. 全體考生入學考試的分數和上榜者入學後學科測驗成績的相關示意圖

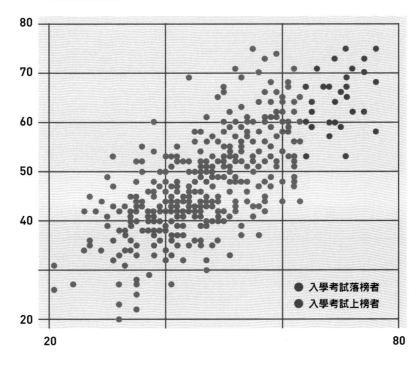

入學後學科測驗的成績（分）

● 入學考試落榜者
● 入學考試上榜者

入學考試的成績（分）

正相關會變成負相關？

鳶尾花招來統計學家的誤解

讓相關看起來相反的關鍵是什麼？

這兩頁是鳶尾花花萼長度和寬度的相關分布圖。雖然A圖看起來像微弱的負相關，但其實這張圖是以 2 種鳶尾花的資料所組成。只要用顏色區分各個品種，就會如右邊的 B 圖所示為正相關。

A. 鳶尾花花萼長度和寬度的相關分布圖

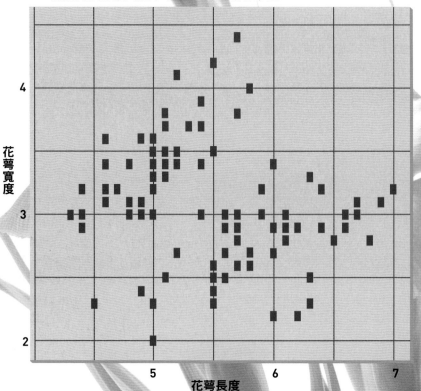

花萼寬度

花萼長度

接下來要介紹的內容，是因為資料處理不當而導出相反結果的例子。

下圖是由英國的統計學家費雪（Ronald Fisher，1890～1962）提出的散布圖，內容是比較鳶尾花的花萼長度和寬度。

A圖的資料很離散，計算相關係數後發現答案為「－0.2」。看起來是「花萼愈長，寬度愈短」的負相關。但是，要下這個結論還太早了。

其實，這項資料混合了兩個非常相似的鳶尾花品種。假如用顏色將兩者劃分開來（如B圖），就會發現兩者皆為正相關。儘管真相是「花萼愈長，寬度也有愈寬的趨勢」，但若將資料混合還是會推導出負相關這個相反的結論來。

由此可知，散布圖的資料處理方式容易改變圖形。繪製相關圖時，要注意篩選資料的範圍不要太過侷限，也不要太過廣泛。

※：費雪當時分析的鳶尾花有三種，「全部來自同一牧場，同一天採摘，並由同一個人使用同一儀器同時測量」。

B. 兩個品種分開來看時……

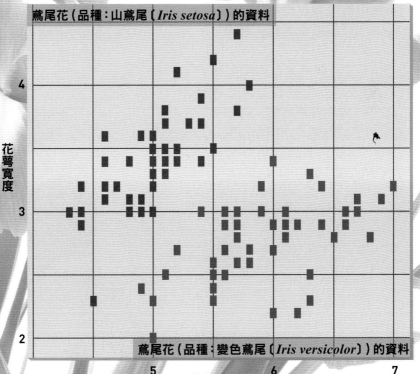

鳶尾花（品種：山鳶尾〔*Iris setosa*〕）的資料

鳶尾花（品種：變色鳶尾〔*Iris versicolor*〕）的資料

花萼寬度

花萼長度

問題

找出潛藏的「第三方現象」

「**偽**關係」顧名思義就是「虛假的關係」。雖說兩個現象之間有相關關係,卻不見得有因果關係。**觀看相關圖時需要時時記得這一點,衡量是否有「第三方現象」(也可稱為潛在變數〔latent variable〕)**※**讓兩者具備「偽因果關係」**(第64～67頁)。

右邊A～G的文章是偽關係的案例,分別陳述兩個現象之間有相關。雖然內容本身是事實,卻都不是直接的因果關係,會招來誤解。

我們就來試試看能否看穿藏在各文章中的潛在變數吧。

※:有些潛在變數可能無法測量。例如「生活品質」是無法直接測量的變數。但是,將潛在變數與其他「可觀察變數」連結起來,便可推斷出潛在變數的值。衡量「生活品質」的可觀察變數包括財富、就業、環境、身心健康、教育、娛樂和休閒時間等。

C

巧克力消費量愈多的國家,諾貝爾獎得主的數量就愈多。或許巧克力的成分能提升腦功能。

❯解答在下一跨頁

A

日本男性的年收入和體重之間有相關關係。體重愈重的人，年收入就有愈高的趨勢。

B

其實，讀理科或讀文科和手指的長度之間有相關關係。理科人的食指多半比無名指短，而大部分的文科人則差不多等長。

D

習慣開著燈睡覺的年輕人，以後得近視的可能性較高，應該教他們關燈睡覺。
（根據1999年《自然》
（*Nature*）雜誌的論文撰寫而成）

E

曾在40幾歲生小孩的女性有長壽的趨勢。100歲以上的女性和73歲死亡的女性相比，長壽的女性曾為高齡產婦的比例較高。
（根據1997年《自然》雜誌的論文撰寫而成）

F

鞋子尺碼較大的孩子，理解文章的能力較高。所以看腳的大小就會知道這個孩子的閱讀能力。

G

圖書館愈多的城市，檢舉非法使用藥物的案件會愈多。假如在城市中再蓋一座圖書館，使用藥物的犯罪說不定會增加⋯

解答

只要發現第三方現象，就會發現相關只是表面

每個案例的第三方現象就如右圖所示。

譬如以文章 B 來說，第三方現象就是性別。男性的無名指有比食指長的趨勢，女性則以差不多等長的人居多。而且一般來說，理科大學和文科大學相比，男學生的比例較高。因此，假如在各大學研究學生手指的長度，想必結果會是「食指比無名指短的學生比例為理科學生較高」。

上述兩個現象之間有「男性」這個第三方現象（潛在變數），沒有直接的因果關係。**這就是偽關係，又稱為「偽因果關係」。**

C

第三方現象：經濟富裕。一般認為愈富裕的國家，巧克力和其他嗜好品的消費量就愈高，教育或研究的預算與品質也愈高。

A

第三方現象：年齡。男性年齡漸長後，體重就有增加的趨勢。另外，年收入也有上升的趨勢。

B

第三方現象：性別。男性的無名指有比食指長的趨勢，女性則以差不多等長的人居多。另外，男性也較女性傾向選擇理科學系。

D

第三方現象：父母有近視。只要父母有近視，小孩也容易得近視。另外，調查的結果也指出，近視的父母會傾向讓小孩開燈睡覺。

E

第三方現象：健康。健康到40幾歲還可以生小孩，所以能夠長壽。

F

第三方現象：年齡。隨著孩子的成長，鞋子的尺寸會愈大，對文章的理解力也有提升的趨勢。

G

第三方現象：人口密度。人口愈多的地區，檢舉犯罪的數量愈多，圖書館和其他公共設施也是以人口多的城市較多。

「颮風桶商賺」
有因果關係嗎？

「**颮**風桶商賺」是日本江戶時代的諺語。關於其含義，《廣辭苑第七版 桌上版》有這樣一段話：

「風一颮就會出現沙塵，傷眼致盲者就會增加。盲人彈三味線琴需要貓皮蒙製樂器，使得貓減少。所以老鼠會增加，齧咬桶子，讓桶商生意興隆。比喻產生意想不到的結果，或是無法指望的期待。」

「颮風」和「桶商賺」兩者間有相關關係嗎？從辭典那句「比喻產生意想不到的結果，或是無法指望的期待」看來，似乎沒有相關關係。那麼，因果關係又如何呢？

將這句諺語逐一拆解成段落之後，就如以下所示：
①強風颮起。②沙塵飛舞。③沙塵跑進眼睛，喪失視力的人增加。④江戶時代彈奏三味線琴是視覺障礙者的代表性工作，所以購買三味線琴的人增加。⑤大量捕貓，做為三味線琴蒙皮的材料。⑥貓減少後，老鼠就會增加。⑦老鼠齧咬桶子。⑧桶商賺錢。

因為江戶時代的道路多為土路，所以①和②似乎有因果關係。②和③也一樣，雖然比例似乎很低，但也不能說不會發生。各式各樣的因果關係不見得會發生，也可說是單純的牽強附會，不過，**乍看之下似無關係的現象，串聯起來卻好像有因果關係**，就是這句諺語意味深長之處。

4

調查和分析
要這樣進行

調查和分析是統計的第一步。統計學既能高效蒐集資料而不必沒頭沒腦地全數調查，也能在維護受訪者隱私的同時引導出誠實的答案。本章將介紹統計調查和分析的方法。

廣闊而深邃的湖中，
要怎麼計算魚隻的數量？

「標識再捕法」是什麼？

標識再捕法的機制

1. 活捉部分魚隻

捕捉10隻突吻紅點鮭，
做個小記號或裝上某些
標識。

標識

2. 釋放標記過的魚隻

將帶有標識的個體放
生回到湖裡，等候一
段時間讓帶有標識的
魚隻散布開來。

美國黃石湖（Yellowstone Lake）在1994年時發現外來魚種突吻紅點鮭，疑似釣客攜入放生所致。之後，眼看著外來魚種逐漸增加，原本棲息在湖裡的克拉克鉤吻鱒反而急遽減少。

一心想要驅除突吻紅點鮭的對策團隊，採用標識再捕法（mark-recapture method）的統計方法估算個體數。**突吻紅點鮭棲息在廣闊而深邃的湖泊裡，要清點所有**

個體數和驅除殆盡都同樣麻煩。因此先捕捉幾隻突吻紅點鮭裝上標識，接著**將帶有標識的個體放生回湖裡**[※]，**均勻混進其他魚群後，再次捕捉部分個體。**

這時只要計算帶有標識的個體所占比例，就可估算總個體數量。

※：標記過的生物體須被完好無損地釋放，如果捕捉與標記過程中對生物體造成傷害，那麼牠們的行為可能會變得不規則，影響再捕估算的準確度。

3. 再次捕捉部分魚隻，估算個體數

再次從湖中隨機捕捉10隻魚。假如10隻魚當中有1隻帶有標識，就代表帶有標識的魚隻占整體的10%，進而估算總個體數量（100%）為100隻。

從整體抽取部分加以查驗的「抽樣調查」

樣本量愈大，誤差愈小

我們來想想以下的問題。某家罐頭工廠的老闆指示廠長檢查生產線上的罐頭，計算出未達品質標準的不合格產品比例再向他報告。廠長最少要打開幾個罐頭來檢查才能計算出不合格產品比例呢？

從總體（母體（population））抽取部分樣本的調查稱為「抽樣調查」（sampling survey）[※]。抽樣調查頂多只是查驗一部分的樣本，無論如何都會產生誤差。

抽樣調查中所查驗的樣本數量稱為「樣本數」（sample size）。**樣本數愈擴增（愈接近普查），誤差就愈接近零。**

因此，假如已經決定「要容許誤差到什麼程度」，就能決定所需的樣本數。樣本數的計算方法會在下一單元介紹。

※：在抽樣之前，總體應隨機或按規則劃分成數個抽樣單位，各抽樣單位互不重疊且能合成總體。

抽樣調查是什麼？

這張示意圖是從工廠製造的罐頭中採樣，查出不合格產品的比例。就像罐頭的品質檢測一樣，當檢查後會失去商品的價值（破壞性檢查），或者是遇到母體數量極多或是其他狀況，導致難以普查時，就適合抽樣調查。

様本

樣本數愈大，誤差就愈小

抽樣誤差降低10分之1，樣本數就需增加100倍

現在要說明上一單元介紹過的抽樣誤差（sampling error）計算方法。

抽取樣本的方式往往會產生偏差，所以抽樣調查必定會伴隨誤差。這種誤差就稱為「抽樣誤差」。 當藉抽樣調查獲得的不合格產品比例（包含樣本罐頭在內）為 p 時，就要將母體的不合格產品比例（包含所有罐頭在內）設在「$p \pm$ 抽樣誤差」的範圍再行估算。

假設可以容許的抽樣誤差為2%，先算出所需的樣本數。雖然 p 為未知，但若有上次的調查結果就假設是該值，假設上次的調查結果為5%，$p = 0.05$，所需的樣本數就可以用底下的公式求出。

$$樣本數 = \left(\frac{1.96 \times \sqrt{0.05 \times (1-0.05)}}{0.02} \right)^2 \fallingdotseq 456.19$$

這樣一來就會發現，最少要打開456個罐頭。

廠長報告檢查結果，結果老闆卻說：「誤差太大了。樣本的誤差要再降10分之1。」[※]

其實，這不是件容易的事。**抽樣誤差若降低10分之1，樣本數就必須增加100倍。** 抽樣誤差和樣本數的平方根成反比。實際上，工廠也會考慮調查要花費的成本等因素，訂定現實中的樣本數。

※：抽樣誤差從原本的2%降低為0.2%，代入下方的公式，原本的分母0.02變成0.002，計算出樣本數≒4562罐。

所需樣本數的公式

$$樣本數 = \left(\frac{1.96 \times \sqrt{p(1-p)}}{抽樣誤差} \right)^2$$

這是信賴度（confidence degree）95%的情況。信賴度是指抽樣調查正確推斷母體型態的機率。式中的1.96為標準計分值（standard score＝母體標準差／樣本數 *n* 的平方根），代表信賴度95%的鐘形常態分布圖中，95%的面積在平均數的1.96個標準差以內（距離平均數1.96個標準差），可由標準常態分布表（Standard Normal Distribution Table）查得。

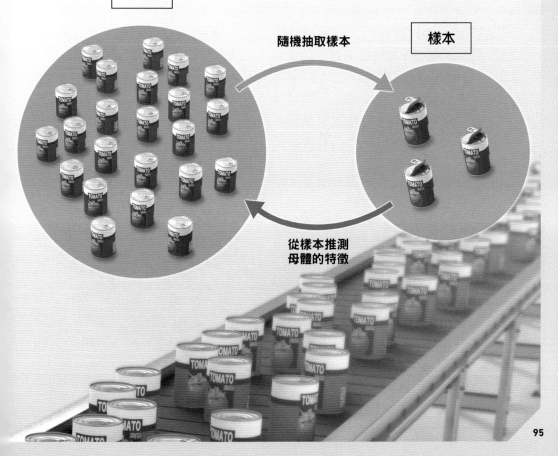

母體

隨機抽取樣本

樣本

從樣本推測
母體的特徵

表示資料可信度的「信賴度」

「擲10枚硬幣後，正面朝上的有5枚」，請問猜中機率為幾％？

抽樣調查的可信度有多少？從信賴度即可看出這一點。

譬如擲10枚硬幣時，假如出現正面和反面的機率相等，最合理的預測就是「正面朝上有5枚」。不過，擲10枚硬幣，剛好出現正面和反面各5枚的機率意外地低。

計算一下就會得知上述的機率只有約25％。換句話說，**最合理的預測只有約25％的機率可信。這個約25％在統計學上就稱為信賴度。**

假如想做出更可信的預測，只要放寬預測範圍即可。譬如預測「正面朝上為5枚±1枚」，就有約67％的機率（信賴度約67％）。假如擴大範圍，預測「正面朝上為5枚±3枚」，就有約98％的機率（信賴度約98％）。

這個觀念也可以直接套用在民意調查[1]或其他情境上。

※1：民調中常見的信心水準（confidence level又稱信賴水準）是以樣本來推論母體的信心百分比，有95％、99.7％兩種，誤差值有2％、3％或5％三種，牽涉的抽樣數量則介於400、900、1,112、2,500與5,625等抽樣數，其中又以信心水準95％，誤差值3％，有效抽樣數1,112較常用。

逐步增加硬幣枚數，圖表的形狀就會慢慢趨近於「常態分布曲線」。

擲2枚硬幣時，正面朝上的枚數有多少？

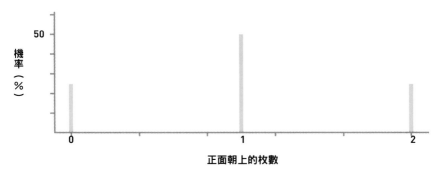

擲10枚硬幣時，正面朝上的枚數有多少？

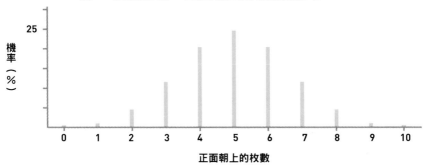

擲100枚硬幣時，正面朝上的枚數有多少？

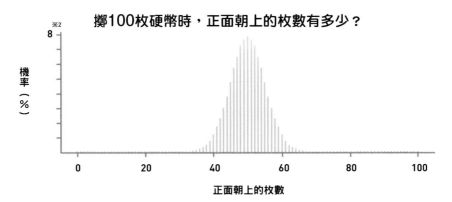

※2：擲100枚硬幣，正面朝上的枚數集中在40～60枚之間，剛好出現50枚的機率
$P = C_{100}^{50} \times (\frac{1}{2})^{50} \times (1 - \frac{1}{2})^{50} \fallingdotseq 0.079589 \fallingdotseq 8\%$。

要怎麼讓人誠實回答難以啟齒的問題？

藉由「隨機化回應」引導出誠實的答案

假設要調查某大學「10幾歲時喝過酒的人占多少比例」，但是這種調查恐怕無法要求受訪者誠實回答。該怎麼做才能讓人坦然回答難以啟齒的問題？

曾在10幾歲時喝過酒的學生不會老實回答，是因為不想被人知道自己做過這種事。另一方面，調查員只想知道有此經驗者的比例，並不是想要查出個人身分。

因此，**調查時採用隨機化回應（randomized response）的方法，就能維護有飲酒經驗者的隱私，單純調查比例。**

譬如說，藉由活用擲硬幣猜正反面的方式，就可以讓10幾歲喝過酒的人說出事實，而不讓周圍的人知道※。這到底是什麼樣的方法？詳情將會在下一單元說明。

※：若有其他人在場看見擲幣結果，受訪者可能不會如實作答，因此須讓受訪者單獨隔離擲幣回答。

要怎麼讓對方誠實回答10幾歲時有沒有喝酒的經驗？

針對學生調查「10幾歲時是否喝過酒」時，有可能無法讓對方誠實回答。碰到這種情況，只要使用「隨機化回應」這項方法，就能讓他們願意誠實回答難以啟齒的問題。

你10幾歲時是否喝過酒？

No！

說謊　誠實　誠實　誠實　說謊　誠實

10幾歲時喝過酒的人有可能會謊稱「沒有喝過」。因此，調查結果顯示的10幾歲飲酒率恐怕會低於實際情況。

藉由「擲硬幣」維護受訪者的隱私

提問的方法會影響對方是否誠實回答

首先請受訪者擲硬幣，而不讓調查員看到。接著，調查員告訴受訪者：

「剛才所擲的硬幣若擲出『正面』，請回答『Yes』。若擲出『反面』，請針對『是否在10幾歲時喝過酒』的問題回答『Yes』或『No』。」

這時，**調查員無法區分回答「Yes」的人，是因為硬幣擲出正面而回答「Yes」，還是因為曾有10幾歲時喝酒的經驗而回答「Yes」**。明白這一點的受訪者若在10幾歲時喝過酒，就比較容易坦然回答「Yes」。

10幾歲喝過酒的受訪者比例可推導如下：假設這項調查的300名受訪者當中有200人回答「Yes」。由於擲硬幣後結果出現正面的機率為2分之1，所以可以推測300人當中有150人因為擲出正面而回答「Yes」。

因此，將回答「Yes」的人扣除150人後的50人，就是誠實回答「曾在10幾歲時喝過酒」的人。換句話說，就是可以推測約有33％的人曾在10幾歲時喝過酒。※

※：也可以用隨機混合的ABC三張同款卡片來問同樣的問題，受試者任意拿起一張卡片，將其翻面，並用「Yes」或「No」如實回答卡片上的問題。A：「你曾在10幾歲時喝過酒嗎？」B：「這是三角形嗎？」（卡片上印著三角形）C：「這是三角形嗎？」（卡片上印著四方形）。

硬幣擲出正面，請說「Yes」。若擲出反面，曾在10幾歲時喝過酒的人請說「Yes」，
沒喝的人請說「No」。

調查員看不出回答「Yes」的人當中，誰在10幾歲時喝過酒。因此，曾有此經驗的受訪者
會認為「誠實回答也無妨」，坦然回答的可能性就會提升。

這項資料有顯著差異嗎？

判斷的方法就是「檢定」

※1：BMI（body mass index）身體質量指數是數值愈大就表示愈肥胖的指標。算法是體重（公斤）除以身高（公尺）的平方。

| 未滿 18.5 | 18.5以上 未滿25.0 | 25.0以上 未滿30.0 | 30.0 以上 |

群體① 天天健行

BMI的平均數：24.1
變異數：15.71
人數：22人

27.1
20.7
32.5
25.7
21.6
22.7
24.8
18.3
23.2
21.3
20.6
31.1
20.9
19.8
27.1
28.3
22.1
26.6
24.7
18.7
30.4
21.9

假設某項調查結果如下：「天天健行的人BMI[※1]平均數為24.1，比不會天天健行，平均數26.1的人少2。因為平均數差這麼多，所以健行應有降低BMI的效果。」這個主張真的是正確的嗎？

兩個群體的平均數雖然有差異，卻不見得是「顯著差異」（significance difference）或具有「統計學意義」（statistical significance），要靠「檢定」（test）來判斷。假如檢定的結果滿足既定的標準，就是「具統計學意義的顯著差異」。

要檢定兩個群體的平均數是否有顯著差異時，經常使用一種稱為「*t*檢定」（*t*-test）的方法。「*t*檢定」在科學研究或社會調查等方面，是最常用而普遍的檢定方法。

下一頁將會實際使用t檢定，探討開頭的調查結果。

群體② 不會天天健行

BMI的平均數：26.1
變異數：18.94
人數：24人

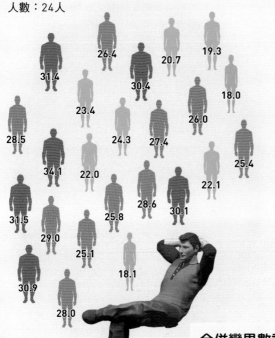

26.4　20.7　19.3
31.4
30.4
23.4　18.0
26.0
28.5　24.3　27.4
25.4
34.1　22.0
22.1
28.6　30.1
31.5　25.8
29.0
25.1
18.1
30.9
28.0

t 檢定

$$t = \frac{群體①的平均數 - 群體②的平均數}{\sqrt{\left(\dfrac{1}{群體①的人數} + \dfrac{1}{群體②的人數}\right) \times 合併變異數}}$$

「合併變異數」（pooled variance）的意思是兩個群體綜合後的變異數，能由以下公式求出。假如 *t*「小於−2」或「大於+2」，就可以說平均數在統計上有顯著差異。[※2]

※2：通常以100次檢定中有5次誤判，也就是說，兩組數據所代表的群體具備顯著差異的可能性為95%；仍有5%的可能性沒有顯著性差異，這5%是由於抽樣誤差所造成的，其標準計分值1.96≒2，代表距離平均數2個標準差（−2，+2）。

合併變異數計算法

合併變異數

$$= \frac{(群體①的人數−1) \times 群體①的變異數+(群體②的人數−1) \times 群體②的變異數}{群體①的人數+群體②的人數−2}$$

小群體也能使用的「*t* 檢定」

健力士啤酒的技師所設計的檢定法

接 下來要使用 *t* 檢定，探討一下上一單元介紹的「健行效果調查結果」。首先要算出群體①和群體②的合併變異數。

合併變異數

$$= \frac{(22-1) \times 15.71 + (24-1) \times 18.94}{22+24-2}$$

$$\fallingdotseq 17.40$$

將合併變異數「17.40」代入 *t* 檢定的公式。

$$t = \frac{24.1 - 26.1}{\sqrt{\left(\frac{1}{22} + \frac{1}{24}\right) \times 17.40}}$$

$$\fallingdotseq -1.62$$

這裡求出的 *t* = −1.62 這項數值在 −2 到 +2 的範圍內，統計上看不出顯著差異。因此，**檢定的結果是「平均數的差異不算是統計上的顯著差異」**。換句話說，就是不能從第103頁的調查結果推斷「健行有降低BMI的效果」。

在此與 *t* 值比較的 −2 或 +2，是表示這次資料的數量中，將顯著水準（level of significance）設定為5%（拒絕〔reject〕該假設〔hypothesis〕的機率）時，與之對應的臨界值（critical value）。

t 檢定又稱為「司徒頓氏 *t* 檢定」（Student's t-test）。司徒頓是戈斯特（William Gosset，1876～1937）發表 *t* 檢定相關論文時使用的筆名[※]，其本業是愛爾蘭健力士（Guinness）啤酒公司的首席實驗釀酒師。當時的問題在於，若資料的數量少於50筆，就很難將資料的分布視為常態分布。而戈斯特發明的 *t* 檢定，正是這種小群體也可以使用的方法。

t 檢定已成為現實社會中解決問題的原動力，堪稱統計學發展成形的絕佳案例。

※：戈斯特利用 *t* 檢定以降低啤酒重量監控的成本。1908年發表在《生物計量學》（*Biometrika*）期刊上，但因健力士啤酒公司老闆認為其為商業機密而被迫使用筆名，統計學論文內容也跟釀酒無關。

這在統計上有顯著差異嗎？

假設有兩個群體，一個是22位會天天健行的人，BMI平均數為24.1，變異數為15.71；另一個則是24位不會天天健行的人，BMI平均數為26.1，變異數為18.94。要判斷其平均數是否在統計上有顯著差異的方法就是 *t* 檢定。從這則例子可以得到一個結論，就是平均數的差異「在統計上不算是顯著差異」。

新藥的療效，只是偶然嗎？

藉由「假設檢定」評估新藥和安慰劑的差異

新開發的藥有療效嗎？這個問題要透過「假設檢定」（hypothesis testing）並運用機率來判斷。過程中會利用常態分布的特性。

新藥的實驗中，首先要取得患者的同意，再將患者隨機分成兩個群體。一個群體投予新藥，另一個群體投予無效的「安慰劑」（placebo）※，再比較這兩個群體的病程（**1**）。這種實驗就稱為「隨機對照試驗」（randomized controlled trial）。

假設實驗的結果是投予新藥的群體比投予安慰劑的群體更能改善症狀，也不能貿然認定「新藥有效」。為求新藥實驗完美，**還必須再回答一個問題，那就是：「新藥和安慰劑的療效是否沒有差異，差異只是『偶然』嗎？」**

無論是什麼樣的藥，所展現的療效也因人而異。即使是無效的安慰劑，投予後也有人症狀改善或反而惡化。就算新藥和安慰劑的療效相同（＝沒有療效），被選上的受試者當中也有很多人的症狀剛好改善，所以實驗結果會出現差異。

因此要在新藥對照實驗中建立假設，探討結果為什麼會產生差異（**2**）。

※：研究報告約有四分之一服用安慰劑的病人表示有關症狀得到舒緩，而且可利用客觀方法檢測出症狀改善的現象。由於發現了這個效應，政府醫藥管理部門規定新藥必須通過臨床的安慰劑對照測試，方能獲得認可。

檢定新藥的療效

圖片是以新開發的頭痛藥為例的新藥實驗
流程。從假設推導機率的方法可在第108～
109頁看到。

新藥實驗的流程

1. 將頭痛藥的新藥和安慰劑
   投予患者群體A和B各100人。

2. 建立假設，探討實驗1的結果
   為什麼會產生差異。

新藥
（群體 A）

安慰劑
（群體 B）

群體A平均
10分鐘就
改善症狀

群體B平均
40分鐘
才改善症狀

實驗的結果
投予新藥的群體A
與投予安慰劑的群體B相比，
平均提早30分鐘就改善症狀

將患者隨機分成群體A和群體B這兩組。一
組投予新藥，另一組投予安慰劑。再假設
實驗的結果為投予新藥的群體A，與投予
安慰劑的群體B相比，提早30分鐘就改善
症狀（假設目前已知群體A和B之間的差
異為「負30分鐘」）。

假設①
新藥和安慰劑的療效有差異。

假設②
新藥和安慰劑的療效沒有差異。

但因為容易改善症狀的人剛好聚集在群體A，或是
其他種種原因，導致出現「群體A比群體B早30分
鐘改善症狀」的實驗結果差異。

判斷基準
· 如果假設②的可能性在5%以下，就拒絕假設②，
接受假設①。
· 如果假設②的可能性在5%以上，就不能忽略假設
②的可能性，所以新藥有無療效會沒有結論。

一般認為實驗1的結果會產生差異的原因有兩
個。一個是「新藥和安慰劑的療效有差異」
（假設①），另一個是「新藥和安慰劑的療效
沒有差異，卻剛好產生這樣的實驗結果」（假
設②）。如果知道假設②的可能性夠低，就能
判斷假設①為正確的可能性很高。這就稱為
「接受假設①」。

（續下一單元）

衡量療效「並非偶然」的機率

運用常態分布的特性算出假設的機率

上一單元談到藉由隨機對照試驗觀察新藥實驗的療效時，懷疑此為「偶然的結果」。那麼，「明明新藥無效，安慰劑和新藥的實驗結果卻偶然發生差異的機率」有多少？

「假設檢定」的實驗中，會用到常態分布的特性來計算這個機率。而且，假如推導出來的機率非常小，就難以認定為偶然發生的差異，因此可評斷「新藥有效的可能性很高」。

那麼，機率要多低才可認定為「並非偶然」呢？標準取決於評估新藥的當事人，故會依場合而異。譬如新藥實驗多半採用「5％以下」的標準，但有時也會用更嚴格的「1％以下」標準。

假設檢定的重點在於，無論標準再怎麼嚴格，仍然無法作為最終的定論。譬如以「5％以下」為標準的新藥實驗中，假如得到的結論是「新藥有效的機率為95％」，也就代表「新藥無效的可能性為5％以下」。

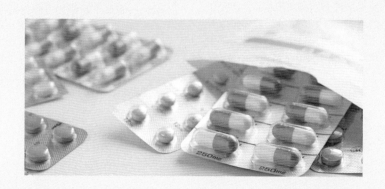

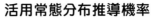

> **活用常態分布推導機率**
>
> 下圖是假設當「新藥和安慰劑的療效沒有差異」時，新藥和安慰劑的實驗結果產生差異的機率分布。產生30分鐘差異的機率為5%以下。

新藥實驗的流程※

（第107頁的後續）

3. 假定假設②正確，新藥和安慰劑的療效沒有差異。這時，將兩種藥在改善症狀前所花的時間差以機率分布表示，調查會發生「30分鐘差異」的機率。

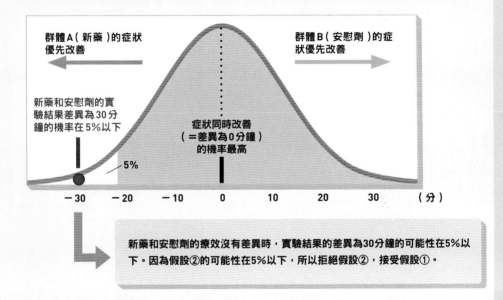

> 新藥和安慰劑的療效沒有差異時，實驗結果的差異為30分鐘的可能性在5%以下。因為假設②的可能性在5%以下，所以拒絕假設②，接受假設①。

這張圖中「0」位置的正上方是圖形的頂點，代表新藥和安慰劑的實驗結果沒有差異。另外，往左右偏離橫軸上的0位置愈遠，則代表實驗的結果差異愈大。

　　若以這個分布圖（新藥和安慰劑的療效沒有差異）來探討實驗1的結果差異，亦即產生「負30分鐘」的機率，就能驗證假設②會發生的機率。由此可知分布為負30分鐘的機率（新藥比安慰劑早30分鐘生效）為5%以下。這結果代表要拒絕假設②，並判定實驗1的結果有顯著差異。

※：由於醫生對有關療程實用性的觀感會影響其表現，也會影響病人對療程的觀感。因此，新藥測試必須以雙盲（double-blind）方式進行：醫生及病人都不會知道該藥物是否安慰劑。

藉由假設檢定釐清 希格斯玻色子的發生機率！

假設檢定也會用在科學研究的現場

假設檢定也會用在科學研究的現場。

譬如2013年時榮獲諾貝爾獎的「希格斯玻色子」（Higgs boson）大發現，就需要將表示希格斯玻色子存在的資料偶然發生的機率設定在「0.00003％以下[1]」。而在滿足上述的標準後，就可以釐清希格斯玻色子實際存在的機率為99.99997％以上。

究竟希格斯玻色子是什麼？將所有事物細微分解之後，就會變成比原子小的「基本粒子」。希格斯玻色子是基本粒子的一種，理論上認為這種粒子會賦予物質質量。雖然理論於1964年發表，卻無法順利證明其存在。

直到2012年7月的研究成果發表，指出當「質子」這種粒子互相高速撞擊時，就會產生希格斯玻色子。[2]

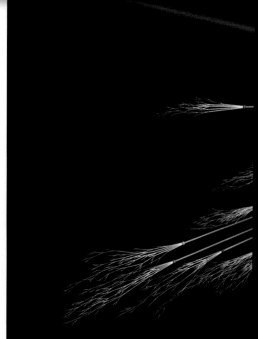

※1：實驗要求的0.00003％數值相當於5σ，也就是從平均數算起5個標準差以外。雖然5σ以外的範圍位在常態分布的兩端，總計為0.00006％，但在希格斯玻色子的實驗中，實驗條件是落在單側範圍內就主張有粒子存在，所以判定標準會設為「0.00003％」。

※2：由於粒子碰撞生成希格斯玻色子的事件機率非常低，約為百億分之一，物理學者必須蒐集與分析幾百萬億個碰撞事件，只有顯示出與希格斯玻色子相同衰變特徵的事件才可被視為是可能的希格斯玻色子衰變事件。因此粒子對撞機所觀測到的衰變特徵出自於背景隨機標準模型的事件機率都必須低於百萬分之一，也就是說，觀測到的事件數量對比沒有新粒子的事件數量，兩者之間相異的程度為5個標準差。

Coffee Break

將100兆日圓當成長度單位會怎樣？

國家的各項統計資料當中，經常出現非常龐大的數字。

譬如日本的國家預算，從2019年以來連續3年超過100兆日圓。要體認到100兆日圓有多大並非易事，所以設想時要細分成**「平均每個國民」**。考量

國家預算
100兆日圓

1000公里

100萬日圓鈔票捆成一疊的厚度約為
1公分。100兆日圓可捆成1億疊，
全部疊在一起的總厚度（距離）為
1000公里。

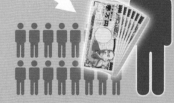

平均每個國民
約83萬日圓

新山口
★

東京
★

到日本的人口約有1億2000萬人，將100兆日圓粗略除以1億人就是100萬日圓，除以1億2000萬人就約為83萬日圓。

還有一個方法是將龐大的數字換算成其他的尺度，譬如長度。100萬日圓鈔票捆成一疊的厚度約為1公分，100兆日圓的鈔票可捆成1億疊，換算成厚度就是1億公分。1億公分是1000公里，相當於搭新幹線從東京站到新山口站的距離。※

另外，太陽的直徑約為140萬公里，地球的直徑約為1萬3000公里。換句話說，太陽的直徑約為100個地球連成一直線。

※：1000公里相當於開車來回基隆與墾丁的距離。

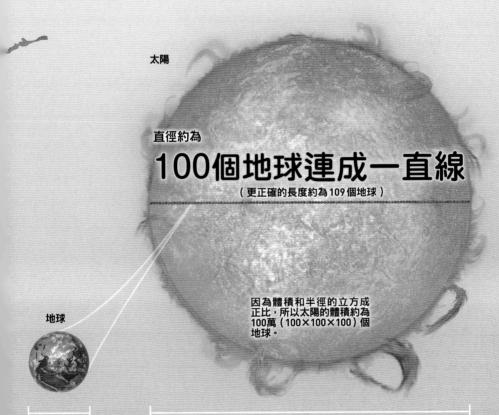

太陽

地球

直徑約為
100個地球連成一直線
（更正確的長度約為109個地球）

因為體積和半徑的立方成正比，所以太陽的體積約為100萬（100×100×100）個地球。

約1萬3000公里

約140萬公里

5

民意調查的
正確知識

//

行政機關和傳播媒體會定期舉辦民意調查，
當作「國民的聲音」傳播出去。民意調查會
使用形形色色的統計方法，以便正確掌握實
際的狀況。本章要來看看民意調查的機制。

從部分資料預估全體國民的想法

民意調查會如何進行？

從1億人當中隨機挑選1000人

要從全國中隨機挑選受訪者，需先替全體國民編號（身分證字號），再以具有0～9的數字共10面的骰子，產生 n（樣本數）組編號（身分證字號後幾碼）。然而，民間企業無法獲得受訪者的身分證字號與聯絡方式，所以報社等機構多半會使用「隨機撥號法」，先隨機選取電話號碼，再用電話號碼挑選受訪者。

100,000,000人

1. 替全體國民編號（國民身分證字號）。

| 00000000 | 34728810 | 34728811 | 99999998 | 99999999 |

2. 擲10面骰產生1000個8位數編號（國民身分證字號後8碼）※，再選取這1000人。

34728810

57726231

99328116

※：8位數00000000～99999999共1億人。人工擲10面骰產生1000個8位數編號，可用電腦隨機演算法產生。

第 16～17頁說明過,「民意調查如同『試嚐湯頭』」。只要像是用1根湯匙嘗出整鍋湯的味道一樣,從全體國民中隨機挑選「一小撮受訪者」,就可以從該群體的意見推測全體國民的意見。

「隨機挑選」和單純的「亂選」不同,意思是「任何人都能以相同機率獲選的挑選法」,這樣的方法就稱為「隨機抽樣法」(random sampling)。譬如替全體國民編號(國民身分證字號),再以0～9共10面的骰子產生n(樣本數)組編號(國民身分證字號後幾碼),藉此挑選受訪者的方法,受訪者獲選的機率就會全體一致。不過,進行調查的民間企業等機構,無法自由獲得受訪者的身分證字號與聯絡方式,不能使用這個方法。

報社等機構的民意調查會以隨機選取電話號碼的方式決定受訪者,這就稱為「隨機撥號抽法」(random digit dialling)。

實際挑選受訪者的方法 (隨機撥號法)

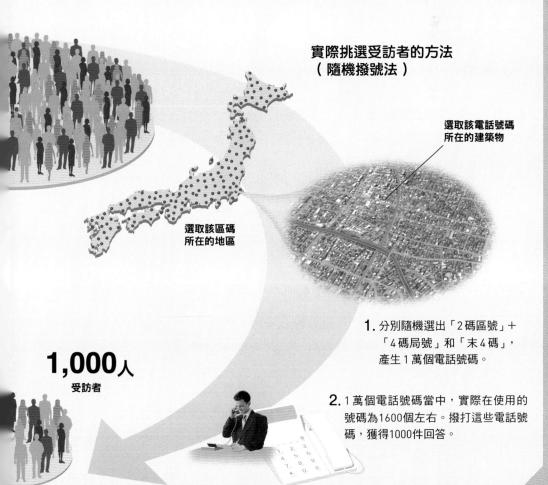

選取該電話號碼
所在的建築物

選取該區碼
所在的地區

1,000人
受訪者

1. 分別隨機選出「2碼區號」＋「4碼局號」和「末4碼」,產生1萬個電話號碼。

2. 1萬個電話號碼當中,實際在使用的號碼為1600個左右。撥打這些電話號碼,獲得1000件回答。

要留心民意調查的調查方式！

要注意調查是以什麼樣的方法進行

需要留心民意調查的調查方式

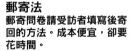

訪問調查法
調查員拜訪對方，直接聽取回答的方法。

電訪法
藉由電話聽取回答的方法。成本便宜，也不花時間。

郵寄法
郵寄問卷請受訪者填寫後寄回的方法。成本便宜，卻要花時間。

注意事項
由於要和調查員面對面交談，所以有時難以誠實回答。有效回答率相對較高。

注意事項
有效回答率相對較低。

注意事項
受訪者要親自填寫問卷，容易受到其他人意見的影響，有效回答率也相對較低。

民意調查的方法五花八門，各有優缺點。現將注意事項歸納如下。

日本的「訪問調查法」是從所有居民的《住民基本台帳》中隨機選出樣本的方法。但在2006年以後，《住民基本台帳》原則上不公開，所以目前使用的訪問方法是隨機挑選調查對象地區在地圖上的落點。

報社和其他機構做電話民意調查時使用的「隨機撥號法」，曾因家中沒有市話的年輕族群增加，使得樣本往往偏向高年齡層。因此在2016年以後，各家大型媒體公司就引進市話和手機併用的方法。雖然選為樣本的年輕族群增加，卻也有人指出新問題，像是男性受訪者有點多等等。

另外，**「街頭民調」※或「網路民調」的對象並非隨機選取的樣本，需要留意調查結果的解釋是否妥當。**

※：1824年的美國總統選舉中，《哈里斯堡賓州人報》（*The Harrisburg Pennsylvanian*）詢問路過的行人要投票給亞當斯（John Quincy Adams）或傑克遜（Andrew Jackson），成為民意調查濫觴。

應與民意調查有所區別的方法

街頭民調
拜託路人幫忙，請受訪者當場回答的方法。

注意事項

願意幫忙的比例普遍較低，而且特定時段的路人可能會偏向某個年齡層或某種身分，樣本恐怕會產生偏誤。經常不會顯示有效回答率。

網路民調
做法有兩種，分別是將問題公開在網路上供不特定參加者回答的「公開型網路民調」，以及事先選好協助者（評論員〔monitor〕）的「評論員型網路民調」。

注意事項

無論哪種調查的樣本，都是願意配合調查的人，可能會偏向某些特定族群。

「支持率降低」是真的嗎？

調查一定有「誤差」！

接下來要探討錯誤報導的新聞案例。

「上個月的民意調查顯示內閣支持率為31%，這個月卻下降至29%，跌破3成。」

單憑這項資訊就判斷「內閣支持率降低」之前，先來研究一下這些數字的誤差有多少吧。

調查的誤差（抽樣誤差）可由以下的公式求出。

$$\pm 1.96\sqrt{p(1-p)\diagup n}$$

這條公式表示「常態分布」的性質，n 代入有效回答數，p 代入調查結果的數值（內閣支持率）。公式當中的1.96是信賴度95%時的標準計分值，會依照信賴度而變化（第122～123頁）。統計上通常會使用信賴度95%。

假設開頭所提的民意調查有效回答數，上個月和這個月都是1500，接著使用公式計算信賴度95%時的抽樣誤差。將 p 代入29%＝0.29，n 代入1500，就會得到這個月調查的抽樣誤差為±2.30%。這意謂著「內閣支持率落在 29% ± 2.30%（26.70%～31.30%）的範圍內」，可信賴的機率為95%。類似「26.70%～31.30%」這樣的估算範圍就稱為「信賴區間」（confidence interval）。

換言之，**「29%」和「31%」都落在信賴區間當中，其差距可以視為在誤差範圍（margin of error）內**。[※]因此，民意調查呈現的1個月內閣支持率變化，能被解釋成「幾乎持平」。

※：在其他條件相同的情況下，較大的樣本數會產生較小的誤差範圍、較窄的信賴區間與較高的精確度。

兩次調查的「信賴區間」重疊

從這個月的調查結果，內閣支持率為29%±2.30%，信賴區間26.70%～31.30%，信賴度為95%。同樣的，從上個月的調查結果計算出來的樣本誤差為±2.34%，信賴區間為28.66%～33.34%。因為兩次調查的信賴區間重疊，所以其差距能夠解釋成「在誤差範圍內」。

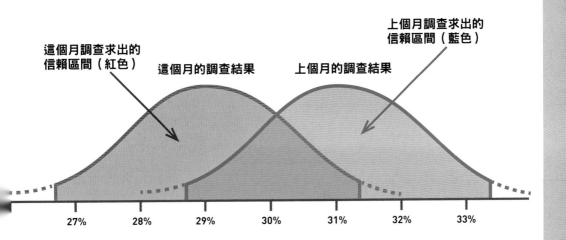

這個月調查求出的
信賴區間（紅色）

這個月的調查結果

上個月的調查結果

上個月調查求出的
信賴區間（藍色）

27%　　　28%　　　29%　　　30%　　　31%　　　32%　　　33%

只要知道「誤差」，就會對資料產生「信賴」

了解誤差之後，就能進行信賴度高的推斷

從 上一頁介紹的內閣支持率案例也會知道，**只要求出誤差和信賴區間，即可冷靜評估民意調查的結果**。觀看民意調查時不只要注意結果，還要洞察數字背後的「誤差」，這可說是避免被數字或資料操弄的第一步。

右圖歸納了做民意調查或其他抽樣調查時，了解誤差為什麼會很重要。下表是簡單知道抽樣誤差的表格。**報導民意調查的結果或收視率時會標示有效回答數，卻不見得會標示誤差**。這時就可以充分運用這張表，自行估算誤差。

抽樣誤差速查表（信賴度95%的情況）

n ＼ p	10% 或 90%	20% 或 80%	30% 或 70%	40% 或 60%	50%
2500	±1.2%	±1.6%	±1.8%	±1.9%	±2.0%
2000	±1.3%	±1.8%	±2.0%	±2.1%	±2.2%
1500	±1.5%	±2.0%	±2.3%	±2.5%	±2.5%
1000	±1.9%	±2.5%	±2.8%	±3.0%	±3.1%
600	±2.4%	±3.2%	±3.7%	±3.9%	±4.0%
500	±2.6%	±3.5%	±4.0%	±4.3%	±4.4%
100	±5.9%	±7.8%	±9.0%	±9.6%	±9.8%

表格中的 n 為有效回答數，p 為調查結果的數值（像是內閣支持率等）。若「有效回答數1500的民意調查中，內閣支持率為60%」，就表示 n ＝1500，p ＝60%，從上表可知抽樣誤差為±2.5%。

做抽樣調查時，了解誤差為什麼會很重要（1～3）

母體（超過1萬人）　　　　　　隨機抽樣

1. 假設想要知道母體當中「抱持某種意見的人」（圖中的紅色小人）所占的比例，而又難以詢問所有人時，就調查隨機挑選的樣本，從其資料估算。

2. 樣本中有離散度，無法判斷點估計能夠信賴到什麼程度。

從樣本數2000個的抽樣調查估算

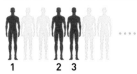

1　　2　3　　　　　　800

「紅色小人」為800人，抽樣調查的結果為 $800 \div 2000 = 40\%$。將40%這項數值當作母體值的估算，稱為「點估計」（point estimation）[1]。

要重新抽取一次樣本嗎？

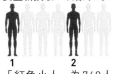

1　　2　　　　　760?

「紅色小人」為760人。

信賴度90%

抽樣誤差

$\pm 1.65 \times \sqrt{\dfrac{0.4(1-0.4)}{2000}}$

$\fallingdotseq \pm 0.018$

……$\pm 1.8\%$

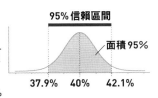

90%信賴區間　　面積90%

38.2%　40%　41.8%

信賴度95%

抽樣誤差

$\pm 1.96 \times \sqrt{\dfrac{0.4(1-0.4)}{2000}}$

$\fallingdotseq \pm 0.021$

……$\pm 2.1\%$

95%信賴區間　　面積95%

37.9%　40%　42.1%

信賴度99%

抽樣誤差

$\pm 2.58 \times \sqrt{\dfrac{0.4(1-0.4)}{2000}}$

$\fallingdotseq \pm 0.028$

……$\pm 2.8\%$

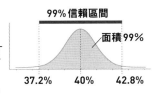

99%信賴區間　　面積99%

37.2%　40%　42.8%

---

3. 求出抽樣誤差的大小，就可以估算信賴度的高低。上述的例子當中，若要估算「母體當中比例為40%±2.1%的範圍」，信賴度就是95%。估算幅度（信賴區間）會依信賴度[2]而異。

※1：主要的估計類型有點估計和區間估計（interval estimation）兩種。點估計嘗試在參數空間中選擇一個唯一的點，該點可以合理地被視為參數的真實值。而區間估計則是使用樣本資料來估計感興趣參數的可能值的區間。

※2：計算抽樣誤差的公式當中，信賴度90%的標準計分值1.65是標準常態分布的右尾5%；信賴度95%的標準計分值1.96是標準常態分布的右尾2.5%；信賴度99%的標準計分值2.58是標準常態分布的右尾0.5%。

收視率排行的陷阱

收視率調查也會以抽樣調查的方式進行

電視或報紙等媒體上看到的「收視率排行」也一樣，只要知道誤差範圍，就可以更冷靜地看待。

收視率（家庭收視率）※這項數值，是推算某個電視節目曾在某個地區有多少百分比的家庭收看。現在日本國內調查電視收視率的公司就只有「日本Video Research公司」。該公司在名古屋地區調查收視率的樣本大小為600戶家庭。讓我們將600戶家庭統統視為有效受訪者，探討一下信賴度95%時的抽樣誤差。

查看第122頁的「抽樣誤差速查表」可知，n 等於600時，誤差最大為±4.0（收視率50%的時候）。而當收視率20%（或80%）時，誤差為±3.2。換句話說，20%左右的收視率一定會有3%左右的誤差。日本Video Research公司的官網上也載明收視率會伴隨這樣的誤差。

那麼，樣本數要增加多少才能減少誤差呢？讓我們再看一次第120頁介紹的公式。

抽樣誤差
$$= \pm 1.96 \times \sqrt{\frac{p(1-p)}{n}}$$

從這條公式可知，當 n 值變大後，根號中的數值會變小，誤差也會變少。但因為有根號，樣本數即使增加100倍（$\sqrt{100}=10$），誤差也只會縮小10分之1（精確度提高10倍）。

民意調查的情況也雷同。假如是有效回答數為2000人的民意調查，抽樣誤差最多為±2.2。若試圖將誤差縮小10分之1，也就是從±2.2縮小為±0.22，樣本數就必須增加100倍，即20萬人。

誤差要怎麼縮小10分之1？

樣本數增加愈多，誤差範圍就縮得愈小。然而，為了將誤差的範圍縮小10分之1，調查的樣本數就必須增加100倍。

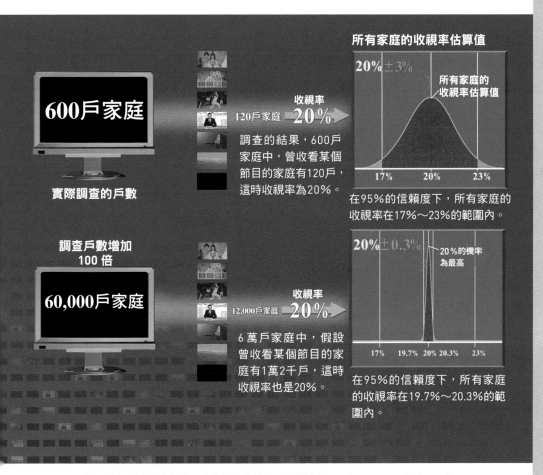

所有家庭的收視率估算值

600戶家庭

120戶家庭　收視率 **20%**

實際調查的戶數

調查的結果，600戶家庭中，曾收看某個節目的家庭有120戶，這時收視率為20%。

20% ± 3%

所有家庭的收視率估算值

17%　20%　23%

在95%的信賴度下，所有家庭的收視率在17%～23%的範圍內。

調查戶數增加100倍

60,000戶家庭

12,000戶家庭　收視率 **20%**

6萬戶家庭中，假設曾收看某個節目的家庭有1萬2千戶，這時收視率也是20%。

20% ± 0.3%

20%的機率為最高

17%　19.7%　20%　20.3%　23%

在95%的信賴度下，所有家庭的收視率在19.7%～20.3%的範圍內。

※：臺灣的電視收視率算法＝（收視總家戶數÷裝機總家戶數）×100%。根據NCC統計，2022年有線電視訂戶數為464.8萬戶，普及率為51.13%，每戶約1.5人收看；而根據尼爾森統計臺灣觀眾節目看到廣告時就轉臺的比例達八成。

藉由「首位數字」看穿統計失當

這裡要介紹潛藏在統計資料中，意味深長的一項定律。

若調查世界各國的國土面積、股價指數[※]，以及出現在報紙上的數字，**彙總這些數值的「首位數字」時，就會發現數字（從1到9）出現的頻率，無論哪種資料都是1最多，其次是2、3……頻率會隨著數字變大而遞減**（右頁的圖①～③）。

這項定律由美國的物理學家班佛（Frank Benford，1883～1948）調查2萬個樣本後所發表，故稱為「班佛定律」（Benford's law）。

查驗統計資料時，數值是否遵循班佛定律，就會成為推測是否失當的指標。

不過，像是電話號碼或樂透這種位數固定的數值，就不適用這項法則，我們要留意這一點。

※：股價指數是反映市場上組成股票價值的一個數據，採用選樣的方式反映投資人對經濟現況的敏感度。多由一個國家最大的證券交易所裡最具規模的上市公司編製，例如美國道瓊工業指數、標準普爾500指數、倫敦金融時報指數、法國證商公會指數、德國法蘭克福股價指數、日經指數及臺灣加權股價指數。

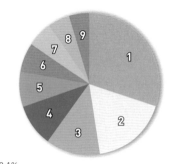

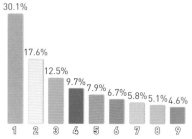

30.1% 17.6% 12.5% 9.7% 7.9% 6.7% 5.8% 5.1% 4.6%
1 2 3 4 5 6 7 8 9

註：圖①～②的數值已經四捨五入，所以總計值不會等於100%。

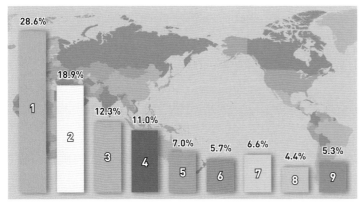

①國土面積

這是約200個國家的國土面積（平方公里）調查結果（由日本牛頓編輯部調查）。譬如日本的國土面積約為38萬平方公里，所以「首位數字」是3。研究大約200個國家後，發現1占28.6%為最多，其次是2，再來是3。

②股價

這是2019年1月的某個時間點，日經平均指數涵蓋的225家公司股價（日圓）的調查結果（由日本牛頓編輯部調查）。

③出現在報紙上的數字

這是班佛研究出現在報紙上100個數值的結果。

6

還想知道更多！
一窺統計學的奧妙

運用統計的學問稱為「統計學」。統計學始於17世紀左右，納入許多學者的研究和機率論的成果，同時變得愈來愈精煉。最後一章要介紹活用在社會上各個場合中的統計學。

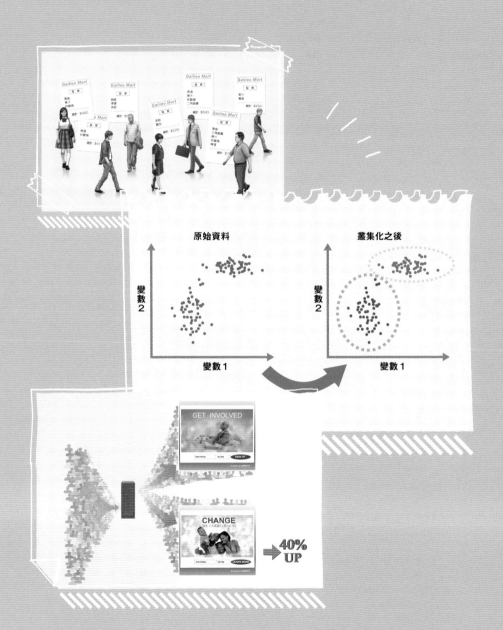

探求潛藏在資料下的「暢銷商品」

整理記錄，找出容易一起買的商品

	零食	茶飲	報紙	御飯糰	麵包	啤酒	果汁	炸雞塊	便當
10 幾歲女	1						1	1	
20 幾歲男						1		1	
60 幾歲男		1	1						1
20 幾歲女		1			1				
20 幾歲男				1		1	1	1	
30 幾歲男	1			1		1	1	1	
10 幾歲男	1						1		
總計	3	2	1	2	1	3	4	4	1

1. 彙總成一覽表後，頻繁購買的商品如炸雞塊，不常購買的商品如報紙，兩者差異就會很明顯。

美國的大型超市會從顧客購買的商品預測接下來可能會買的東西，搭配進行贈送優惠券的服務。現在我們生活中的所有情境正成為統計分析的對象。

第18～19頁介紹過資料探勘這項方法，這裡則要介紹具體的分析流程。

假設現在要針對7名年齡層相異的顧客分析其發票存根。首先將購買的商品依照年齡層彙總成表格（表1），從中鎖定購買者達3人以上的4種商品（表2），再計算顧客同時購買這些商品的機率（表3）。

就如表2所示，表示「幾名顧客購買」的指標稱為「次數或頻率」（frequency）。另外，表3則是將「買了炸雞塊的人再購買果汁的機率」（A）和「買了果汁的人再購買炸雞塊的機率」（B）分開看待。雖然看起來像同一件事，不過（A）是4個人當中有2個人，機率為50％，（B）是3個人當中有2個人，機率為67％。**兩種商品之間以哪一種為基準，將會影響同時購買的機率**。類似這樣「買了其中一種商品時還會買另一種的機率」，就稱為「條件機率」（conditional probability）[※]。

另外，雖然這裡是從發票存根整理出資料，但實際上店家將商品輸入到收銀機時，就會自動總計資料。這樣的機制稱為「銷售點POS電腦系統」（Point Of Sale system）。

※：多種商品一起在櫃檯結帳時，「條件機率」會受掃描或輸入商品條碼的結帳順序影響。

	零食	啤酒	果汁	炸雞塊
10幾歲女	1		1	1
20幾歲男		1		1
60幾歲男				
20幾歲女				
20幾歲男		1	1	1
30幾歲男	1	1	1	1
10幾歲男	1		1	
總計	3	3	4	4

2. 擷取和彙整銷售3件以上的商品。

	零食	啤酒	果汁	炸雞塊
零食	✕	33	100	67
啤酒	33	✕	67	100
果汁	75	50	✕	75
炸雞塊	50	75	75	✕

3. 預測購買某項商品的顧客會同時購買其他商品的機率有幾％。從這張表可得知，假如顧客買了啤酒，推薦對方買炸雞塊的成功機率很高。

正確的因果關係要藉由追蹤調查的精確度來判斷

閱讀資料時，驗證追蹤調查的精確度也很重要

有助於預防與治療傳染病或慢性病的知識，是由「流行病學調查」（epidemiological investigation）或「世代研究」（cohort study）這些奠基於統計學的調查所產生的結果。

世代研究的「世代」是群體的意思。譬如調查運動不足和疾病的關係時，就要追蹤運動不足的群體以及天天運動的群體，比較罹患疾病的機率或死亡率。這個方法稱為「前瞻性世代研究」（prospective cohort study），而追溯過去的紀錄再研究原因的方法則稱為「回溯世代研究」（retrospective cohort study）。

「前瞻性世代研究」會被用來詳細調查傳染病或慢性病等疾病的原因，1960年世界神經學聯盟（World Federation of Neurology）提出其重要性。美國的流行病學家發表中風的死亡率比較結果，顯示日本人中風的死亡率為世界最高。

當時的資料是腦溢血導致的死亡率為腦梗塞的12.4倍，與歐美相比明顯偏高，所以國外的研究人員就曾指出誤診的可能性。然而當時並無資料顯示日本人中風和死亡率的關係。

於是，日本研究人員就在福岡縣粕屋郡的久山町展開「久山町研究」，藉流行病學調查追蹤中風和死亡率的關係，經統計分析之後，發現正如國外研究人員先前所懷疑的一樣，當時那份資料的可信度低。

要調查未有結論的原因時，資料的可信度便非常重要。結果的追蹤調查精確度是否經過充分驗證，就是閱讀資料時需要查明之處。

久山町研究是什麼？

久山町研究是始於1961年福岡縣粕屋郡久山町的流行病學調查。當初是受到世界神經學聯盟質疑日本死亡率統計數據的可信度而展開研究，目的在於以科學方式查明日本人中風的實際情況。1961年的追蹤調查中，得知中風導致的死亡率約為腦梗塞的1.1倍。亦即當初有很多誤診案例，就如世界神經學聯盟所懷疑的一樣。久山町居民的年齡和職業分布與日本全國平均幾乎一致，久山町研究成果會被活用在日本人的慢性病及其危險因子的分析上。

※：從1961年開始的久山町研究的最大特點是屍檢率高（80％）。在確定確切死因方面，沒有比屍檢更準確的診斷方法了。而後續調查的準確性也很高，只有少數受試者失踪，溯源率超過99％。

將兩種資料的關係代換成方程式

「迴歸分析」是以實際資料推導出的方程式來分析資料

迴歸分析

迴歸分析（regression analysis）是表示與結果（應變數dependent variable）相關的原因（自變數independent variable，又稱解釋變數explanatory variable）※之間的關係。藉由從現實的資料推導出來的方程式，就可以預測資料。x 和 y 這兩個資料之間存在一條說明其關係的直線，以方程式求出該直線，就是迴歸分析。

※：函數常以橫軸表示自變數（解釋變數）、縱軸表示應變數（被解釋變數）的函數圖像來描繪。

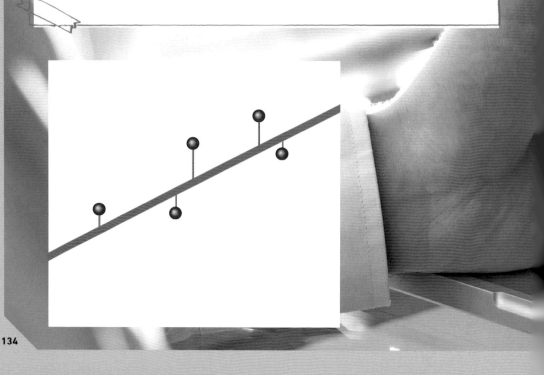

橫軸取一個資料對應,縱軸也取一個資料對應,再以圓點標示之後,散布圖就完成了(第64〜65頁)。散布圖在觀察第3章介紹的相關關係時非常管用。

然而散布圖無法一眼判斷,當一邊的資料(x)增加1時,另一邊的資料(y)會有多少變化。所以要用$y=ax+b$的方程式替代,表示散布圖上兩個資料的關係,這就是「迴歸分析」。

這道方程式取決於以下要素。首先在左下方的散布圖畫五個圓點。其次畫出一條直線,穿越盡量接近這五個圓點的地方。再以垂直於x橫軸或y縱軸的短線把五個圓點連接到該直線上,將這五條短線的長度平方後相加,總計值最小的那條直線就是以迴歸分析推導出的方程式。這種方法稱為「最小平方法」(least square method)。

要怎麼從瑣碎的資料中找出規律？

將資料劃分為同類再加以分析

分析統計資料時，也需要去分析沒有呈現在表面上的資料。往往藉由潛在資料背後的意義，就能讓事情有所進展。

譬如以便利商店來說，顧客的性別、年齡、光顧時間之類的資料，就能從收銀機的銷售點POS電腦系統（第130～131頁）找到某個程度的資訊。然而，那個人光顧的原因、購買商品的理由，以及社會地位或職業等要素，就無法得知了。

前者稱為「觀察變數」，後者稱為「潛在變數」，解讀這種潛在變數的方法則稱為「叢集法」（clustering）[※]。這種方法是把近似於某個資料的資料，劃分為同類再加以分析。只要查閱彙總到每個類別的資料，有時即可看出顧客的購買動機或行為特性。譬如顧客是在便利商店附近工作的上班族，或是放學時間相同的學校學生。

即使是乍看之下瑣碎的資料，只要彙總得明瞭易懂，就可以發掘資料背後的意義。

※：聚類分析（cluster analysis，又譯集群分析）把相似的對象透過靜態分類的方法分成不同的組別或更多的子集（subset），讓在同一個子集中的對象都具有相似的一些屬性，例如在坐標系中更短的距離等。

什麼是叢集法？

圖表上會看到一群群瑣碎的資料，其中或許藏有調查顧客潛在行為特性或購買動機的資料。叢集法是把近似於某個資料的資料，劃分為同類再加以分析。只要能夠正確分類，就可以提供適合客層的新商品，或是讓銷售策略成功。

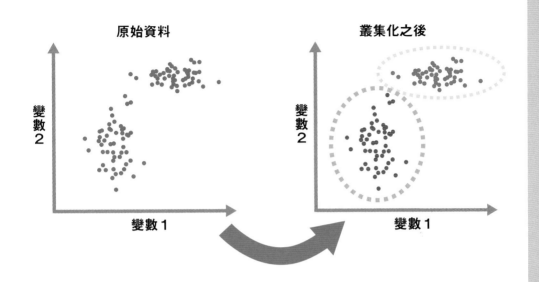

原始資料　　　　　　　　　　　　　叢集化之後

變數 2　　　　　　　　　　　　　　變數 2

變數 1　　　　　　　　　　　　　　變數 1

Coffee Break

增加總統選舉捐款
的實際範例

「**官**網要怎麼設計,捐款和志工才會增加呢?」

2008年,希洛克(Dan Siroker)接受委託替美國總統候選人歐巴馬(Barack Obama)設計官網,於是他就在固定期間內進行一項實驗,那就是「讓瀏覽官網的閱覽者隨機看到24種官網」。

接著,他調查哪種網站會提高閱覽者的電子郵件註冊率,再採用成效優異的設計。最後,捐款估計增加大約6000萬美元,志工則增加了28萬人。**從這項實驗的結果可知,人們的行為會因為設計和文案的不同,而有驚人的變化。**

這種方法稱為「隨機對照試驗」或「A/B測試」(A/B test)※,已經運用在各種場合上。譬如產品製造商要找出效果最好的廣告方式,或是調查航空公司最讓顧客滿意的服務等。

※:A/B測試通常是讓A和B只有一個變量不同,測試兩種不同設計對瀏覽者產生的效果,篩選出效果較佳者進入下一階段的A/B測試,再針對另一變量做A和B兩種不同設計,逐步篩選出效果較佳的各種變量。若因考量成本或時間等因素,也可同時針對多種變量(圖片、文案等)做成兩種不同設計版本,進行A/B測試。

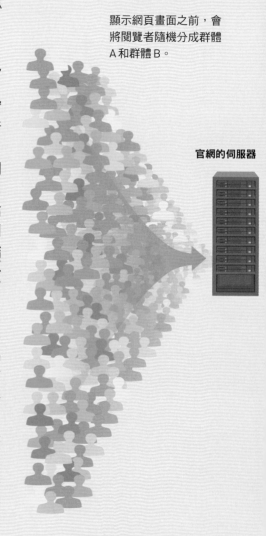

顯示網頁畫面之前,會將閱覽者隨機分成群體A和群體B。

官網的伺服器

群體A看到的官網

旗子圍繞著候選人的照片，以及寫有「SIGN UP」
（註冊）的按鈕。

捐款增加6000萬美元

A是「旗子圍繞著候選人和『SIGN
UP』（註冊）按鈕」的網頁，B是
「候選人的家庭合照和『LEARN
MORE』（了解詳情）按鈕」的網
頁，而B比A的閱覽者電子郵件註冊
率多出40%。這種方法又稱為「A/B
測試」。另外，本頁圖片的網頁畫面
與實際用在官網上的畫面不同。

群體B看到的官網

候選人和家人的合照，以及寫有「LEARN MORE」
（了解詳情）的按鈕。

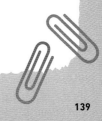

後記

《統計》這本書到此結束。各位覺得如何呢？

前面我們說明了「平均數」並非「中間值」，觀察資料「離散度」的重要性，計算變異數、標準差及偏差值的方法，以及常態分布的性質等。各位只要記住這些統計的基本觀念，就會大幅改變對資料的看法了吧？

另外，民意調查如同「試嚐湯頭」，相信各位也明白，觀看類似的調查報告時，不只要看數值的結果，數值背後的誤差也很重要。有時或許要懷疑呈現出來的結果，自行估算誤差。

本書介紹的只是統計的入門。「統計學」當中仍有許多延伸觀念。各位要不要趁機深入挖掘一下呢？

《新觀念伽利略－統計》「十二年國教課綱自然科學領域學習內容架構表」

第一碼「主題代碼」：N（數與量）、S（空間與形狀）、G（坐標幾何）、R（關係）、A（代數）、F（函數）、D（資料與不確定性）。

其中R為國小專用，國中、高中轉為A和F。

第二碼「年級代碼」：7至12年級，11年級分11A、11B兩類，12年級選修課程分12甲、12乙兩類。

第三碼「流水號」：學習內容的阿拉伯數字流水號。

頁碼	單元名稱	階段/科目	十二年國教課綱自然科學領域學習內容架構表
010	大家都那麼有錢嗎？平均儲蓄額之謎	國中/數學	D-7-2 **統計數據**：用平均數、中位數與眾數描述一組資料的特性。
		高中/數學	D-10-2 **數據分析**：一維數據的平均數、標準差。
014	偏差值高就證明很優秀？	高中/數學	D-10-2 **數據分析**：一維數據的平均數、標準差。二維數據的散布圖。 D-12甲/乙-1 **離散型隨機變數**：期望值、變異數與標準差。 D-12甲/乙-2 **二項分布**：二項分布的性質與參數。
016	民意調查如同「試嚐湯頭」	高中/數學	D-10-4 **複合事件的古典機率**：樣本空間與事件，複合事件的古典機率性質。
018	從發票存根得知顧客的喜好	國中/數學	D-7-2 **統計數據**：用平均數、中位數與眾數描述一組資料的特性。 D-8-1 **統計資料處理**：累積次數、相對次數。
		高中/數學	D-10-2 **數據分析**：一維數據的平均數、標準差。二維數據的散布圖。
026	將資料繪製成圖表後，就會發現真實情況	國中/數學	D-7-1 **統計圖表**：蒐集生活中常見的數據資料，整理並繪製成含有原始資料或百分率的統計圖表。 D-7-2 **統計數據**：用平均數、中位數與眾數描述一組資料的特性。
028	平均數不一定是「中間值」	國中/數學	D-7-2 **統計數據**：用平均數、中位數與眾數描述一組資料的特性。
		高中/數學	D-10-2 **數據分析**：一維數據的平均數、標準差。
032	統計會在設定保險費時大顯身手	高中/數學	D-11A-1 **主觀機率與客觀機率**：根據已知的數據獲得客觀機率。
036	損害保險的金額是怎麼決定的？	高中/數學	D-11A-1 **主觀機率與客觀機率**：根據已知的數據獲得客觀機率。
038	保險公司不會吃虧的原因	高中/數學	D-11A-1 **主觀機率與客觀機率**：根據已知的數據獲得客觀機率。 D-12甲/乙-1 **離散型隨機變數**：期望值、柏努利試驗與重複試驗。
040	明明分數和上次一樣，為什麼會受到誇獎	高中/數學	D-10-2 **數據分析**：一維數據的平均數、標準差。二維數據的散布圖。
042	只要檢測「離散度」，就可掌握資料的特徵	國中/數學	D-7-2 **統計數據**：用平均數、中位數與眾數描述一組資料的特性。
		高中/數學	D-10-2 **數據分析**：一維數據的平均數、標準差。 D-12甲/乙-1 **離散型隨機變數**：期望值、變異數與標準差。 D-12甲/乙-2 **二項分布**：二項分布的性質與參數。
044	來看看擲骰子的變異數和標準差	國中/數學	D-7-2 **統計數據**：用平均數、中位數與眾數描述一組資料的特性。 D-9-3 **古典機率**：具有對稱性的情境下（銅板、骰子、撲克牌、抽球等）之機率。
		高中/數學	D-10-2 **數據分析**：一維數據的平均數、標準差。 D-12甲/乙-1 **離散型隨機變數**：期望值、變異數與標準差。
046	「偏差值」可以這樣算出來	高中/數學	D-10-2 **數據分析**：一維數據的平均數、標準差。二維數據的散布圖。 D-12甲/乙-2 **二項分布**：二項分布的性質與參數。
048	「常態分布」掌握了統計的關鍵	高中/數學	D-10-2 **數據分析**：一維數據的平均數、標準差。二維數據的散布圖。 D-11A-1 **主觀機率與客觀機率**：根據已知的數據獲得客觀機率。 D-12甲/乙-2 **二項分布**：二項分布的性質與參數。
050	在法國，身高157公分的年輕人很少？	高中/數學	D-12甲/乙-2 **二項分布**：二項分布的性質與參數。
052	極端的資料有時會超過偏差值100	高中/數學	D-10-2 **數據分析**：一維數據的平均數、標準差。二維數據的散布圖。

064	「相關」是兩個量值之間的關係	高中/數學	D-10-2 **數據分析**：二維數據的散布圖。最適直線與相關係數。
068	查出相關是統計學的基本功	高中/數學	D-10-2 **數據分析**：二維數據的散布圖。最適直線與相關係數。
070	從兩種資料算出相關係數的方法	高中/數學	D-10-2 **數據分析**：二維數據的散布圖。最適直線與相關係數。
074	要怎麼預測葡萄酒未來的價值？	高中/數學	D-10-2 **數據分析**：二維數據的散布圖。最適直線與相關係數。
076	從四種相關關係萌生的「葡萄酒方程式」	高中/數學	D-10-2 **數據分析**：相關係數。
078	資料限縮得太過頭，就會看不出相關	高中/數學	D-10-2 **數據分析**：二維數據的散布圖，最適直線。
080	正相關會變成負相關？	高中/數學	D-10-2 **數據分析**：二維數據的散布圖，最適直線。
094	樣本數愈大，誤差就愈小	高中/數學	D-10-4 **複合事件的古典機率**：樣本空間與事件，複合事件的古典機率性質。
096	表示資料可信度的「信賴度」	國中/數學	D-9-3 **古典機率**：具有對稱性的情境下（銅板、骰子、撲克牌、抽球等）之機率。
		高中/數學	D-12 甲 / 乙 -2 **二項分布**：二項分布的性質與參數。
100	藉由「擲硬幣」維護受訪者的隱私	國中/數學	D-9-3 **古典機率**：具有對稱性的情境下（銅板、骰子、撲克牌、抽球等）之機率。
106	新藥的療效只是偶然嗎？	高中/數學	D-10-4 **複合事件的古典機率**：樣本空間與事件，複合事件的古典機率性質。 D-12 甲 / 乙 -2 **二項分布**：二項分布的性質與參數。
108	衡量療效「並非偶然」的機率	高中/數學	D-10-4 **複合事件的古典機率**：樣本空間與事件，複合事件的古典機率性質。 D-12 甲 / 乙 -2 **二項分布**：二項分布的性質與參數。
110	藉由假設檢定釐清希格斯玻色子的發生機率！	高中/數學	D-10-4 **複合事件的古典機率**：樣本空間與事件，複合事件的古典機率性質。 D-12 甲 / 乙 -2 **二項分布**：二項分布的性質與參數。
116	從部分資料預估全體國民的想法	國中/數學	D-9-3 **古典機率**：具有對稱性的情境下（銅板、骰子、撲克牌、抽球等）之機率。
		高中/數學	D-10-4 **複合事件的古典機率**：樣本空間與事件，複合事件的古典機率性質。
120	「支持率降低」是真的嗎？	高中/數學	D-12 甲 / 乙 -2 **二項分布**：二項分布的性質與參數。
122	只要知道「誤差」，就會對資料產生「信賴」	高中/數學	D-10-4 **複合事件的古典機率**：樣本空間與事件，複合事件的古典機率性質。 D-12 甲 / 乙 -2 **二項分布**：二項分布的性質與參數。
124	收視率排行的陷阱	高中/數學	D-10-4 **複合事件的古典機率**：樣本空間與事件，複合事件的古典機率性質。
126	藉由「首位數字」看穿統計失當	高中/數學	D-10-4 **複合事件的古典機率**：樣本空間與事件，複合事件的古典機率性質。
130	探求潛藏在資料下的「暢銷商品」	國中/數學	D-8-1 **統計資料處理**：累積次數、相對次數。
		高中/數學	D-11A-2 **條件機率**：條件機率的意涵及其應用，事件的獨立性及其應用。
134	將兩種資料的關係代換成方程式	高中/數學	D-10-2 **數據分析**：二維數據的散布圖，最適直線。

Staff

Editorial Management	木村直之
Cover Design	岩本陽一
Design Format	宮川愛理
Editorial Staff	小松研吾，佐藤貴美子

Photograph

9〜11	TimeShops/stock.adobe.com	73	OFC Pictures/stock.adobe.com
16〜17	yoshitaka/stock.adobe.com	87	KIMASA/stock.adobe.com, mick-j/stock.adobe.com
20〜21	denisismagilov/stock.adobe.com		
25, 60	Spiroview Inc/shutterstock.com	105	lzf/stock.adobe.com
37	Minerva Studio/stock.adobe.com	108	Tamayura39stock.adobe.com
50〜51	Lotharingia/stock.adobe.com	115, 127	Sittipong Phokawattana/Shutterstock.com, Tatiana Gorlova/Shutterstock.com
54	Milatas/stock.adobe.com		
55	Chinnapong/stock.adobe.com	129, 139	@Fotosearch.com -fotolia.com, @michaeljung -fotolia.com
56, 58	Nonwarit/stock.adobe.com		
57	Mtaira/stock.adobe.com	133	japolia/stock.adobe.com
63	varts/stock.adobe.com	134〜135	NicoElNino/stock.adobe.com
72	Paylessimages/stock.adobe.com	137	chachamal/stock.adobe.eom

Illustration

表紙カバー	Newton Press	75	Newton Press
表紙	Newton Press	76	Chimichanga/stock.adobe.com, Newton Press
2,5	Newton Press	77〜82	Newton Press
9〜20	Newton Press	89〜103	Newton Press
22〜23	Newton Press	109〜113	Newton Press
25〜36	Newton Press	115〜127	Newton Press
38〜49	Newton Press	129〜131	Newton Press
52〜53	Newton Press	133〜139	Newton Press
60〜61	Newton Press	141	yoshitaka/stock.adobe.com, Newton Press
63〜71	Newton Press		

【新觀念伽利略3】

統計
培養資料分析的能力

作者／日本Newton Press
執行副總編輯／王存立
翻譯／李友君
發行人／周元白
出版者／人人出版股份有限公司
地址／231028 新北市新店區寶橋路235巷6弄6號7樓
電話／（02）2918-3366（代表號）
傳真／（02）2914-0000
網址／www.jjp.com.tw
郵政劃撥帳號／16402311 人人出版股份有限公司
製版印刷／長城製版印刷股份有限公司
電話／（02）2918-3366（代表號）
香港經銷商／一代匯集
電話／（852）2783-8102
第一版第一刷／2024年4月
定價／新台幣380元
　　　港幣127元

國家圖書館出版品預行編目（CIP）資料

統計：培養資料分析的能力
日本Newton Press作；
李友君翻譯. -- 第一版. --
新北市：人人出版股份有限公司, 2024.04
面；公分. —（新觀念伽利略；3）
ISBN 978-986-461-375-5（平裝）
1.CST：數理統計　2.CST：數學教育

319.5　　　　　　　　　　113001331

14SAI KARA NO NEWTON CHO
EKAI BON TOKEI
Copyright © Newton Press 2022
Chinese translation rights in complex
characters arranged with Newton Press
through Japan UNI Agency, Inc., Tokyo
www.newtonpress.co.jp